百里香
飲食文學

百里香是藥草也是香料；
英文Thyme源自希臘文Thumos，
意指芳香四溢、香氣襲人。
百里香也是人類廚房裏最早的食材；
西元前三〇〇〇年，兩河流域的蘇美人即開始使用百里香，
醫學之父希波克拉底傳世的四百多種藥草中亦有此物，
他建議人們在餐後飲用它，幫助消化。
百里香也是激發勇氣、增進信心的象徵；
它被繡在羅馬軍人的披肩上激發勇氣，並解百毒以增進信心。
中世紀瘟疫蔓延全歐洲，它是治療疫病的聖藥。

百里香飲食文學書系，
引介中外飲食文學的經典之作，
精選的作家與作品堪稱當代飲食文化的先鋒、
從飲食體現生命熱情的傳奇高手。

一如百里香，我們透過閱讀飲食文學，
激發勇氣，增益信心，
重新開啓知覺與五感，

一家讀書，百里傳香。

地中海風味料理

伊麗莎白・大衛／Elizabeth David 著
黃芳田 譯

國家圖書館出版品預行編目資料

地中海風味料理 / 伊麗莎白・大衛（Elizabeth David）著；黃芳田譯. -- 初版. --台北市：麥田出版：家庭傳媒城邦分公司發行，2006[民95]
面； 公分. --（百里香飲食文學；6）譯自：A Book of Mediterranean Food, 2nd rev. ed. ISBN 986-173-043-5（平裝）
1.烹飪-文集 2.食譜-地中海 427 95002232

百里香飲食文學 06

地中風味海料理

作者	伊麗莎白・大衛（Elizabeth David）
譯者	黃芳田
編輯協力	黃美娟
責任編輯	羅珮芳
發行人	凃玉雲
出版	麥田出版 台北市信義路二段213號11樓 電話：(02) 2356-0933 傳眞：(02) 2351-9179
發行	英屬蓋曼群島商家庭傳媒股份有限公司城邦分公司 台北市民生東路二段141號2樓 書虫客服服務專線：02-25007718；25007719 24小時傳眞服務：02-25001990；25001991 服務時間：週一至週五上午09:30-12:00；下午13:30-17:00
郵撥帳號	19863813；戶名：書虫股份有限公司 讀者服務信箱：service@readingclub.com.tw
香港發行所	城邦（香港）出版集團有限公司 香港灣仔軒尼詩道235號3F 電話：(852) 2508-6231 傳眞：(852) 2578-9337
馬新發行所	城邦（馬新）出版集團 Cité (M) Sdn. Bhd. (458372U) 11, Jalan 30D / 146, Desa Tasik, Sungai Besi, 57000 Kuala Lumpur, Malaysia. 電話：(603) 9056-3833 傳眞：(603) 9056-2833
印刷	中原造像股份有限公司
初版	2006年3月
ISBN	986-173-043-5
售價	350元

A Book of Mediterranean Food

蒜烤古典與油煎陽光

蔡珠兒

她聰明，漂亮，出身高貴，知書達禮，卻也任性叛逆，她愛上一個浪蕩的有婦之夫，和他私奔遠走。他們買了一條船，逃離陰寒的英國，航向溫暖的地中海，暢遊晴麗的島嶼和港市，歡享著熱戀和暖風，那是一九三八年，她二十五歲。

翌年二次世戰爆發，這段海上羅曼史隨之破滅，她經歷一番波折，輾轉於南歐和北非，在開羅做過資料研究員，然後嫁給一個軍官，從桂恩小姐（Elizabeth Gwynne）變成大衛太太（Elizabeth David）。她跟著丈夫派駐到印度，然而她不怎麼愛他，那婚姻是一時的意氣衝動。在德里大病一場之後，她決定結束多年的放逐流浪，整裝回英國老家。

一九四六年，她回到闊別八年的故鄉，戰後的英國蕭條貧乏，沒有新鮮的果菜牛油，只有配給的硬餅和罐頭鹹肉。寒風夜雨中，她住在濕冷的小旅館，強烈地想念南方，那燦麗的陽光，熟豔的瓜果，芬馥的酒汁蜜漿，還有香濃的燉肉和烤羊……。為了抒發思念，她拿出紙筆，寫下在地中海吃過和做過的菜，畫餅充饑，以豐馥的回憶來對抗現實的貧瘠。

天啊，妳竟然用橄欖油做菜

一九五〇年，這本《地中海風味料理》（*A Book of Mediterranean Food*）在倫敦問世，那年她三十七歲。當初滿懷浪漫遠颺他方，她並未料到，地中海沒帶來恆久的愛情，卻改變了她的命運，她在食物裡找到熾烈的愛戀，那終生的熱情，像肉香般從廚房泌出，瀰漫廳堂穿透宅院，逐漸擴散到社會氛圍，感染了整個時代的心靈和味覺。

這本洋溢著蒜味和陽光的書，改變了英國人的口味感官，也創新了烹飪書的典範，對二十世紀的食物書寫發生莫大影響。原來食譜除了雞蛋3個奶油100克，醬汁配方和餐巾摺法，還可以是優美的遊記，雅緻的隨筆，豐富的民族誌和生動的田野札記。

英國菜不可口，有太多笑話和嘲謔足以佐證，然而那裡卻也有容乃大，讓我見識到各種異國吃食，深受啓發。一九九〇年代初，我在伯明罕和倫敦讀書，學會用中東的白麵餅（pitta）蘸食鷹嘴豆泥（hummus），知道吃希臘的葡萄葉卷（dolmádes）不必剝掉葉子；我迷上義大利的水牛軟酪（mozzarella），摩洛哥的蒸麥粉（couscous），土耳其的串烤肉（shish kebab），普羅旺斯的燉蔬菜（ratatouille），西班牙的辣肉腸和番茄冷湯，還有希臘的「慕沙卡」（mousaká），那是茄子片和碎羊肉層層相疊，夾以碎洋蔥及番茄膏，再淋上蛋糊灑以豆蔻烤成的，濃稠香軟，微微的羊羶帶著騷動的性感。

一九九二年的某一天，我在學校食堂吃午餐，一邊嚼著慕沙卡，一邊看報紙，匆匆瞄過她病逝的新聞，「最有啓發性和影響力的美食作家，對英國文化貢獻厥偉……」。那時我並不知道，就是這個叫伊麗莎白・大衛的女人，以如詩的文筆，把南方的香氣引來北方，讓我深受其惠，在街巷小館和學校食堂，隨處能吃到慕沙卡、串烤肉和葡萄葉卷，享用地中海的豐實與芬馨。

五十年前的英國，哪有這些馥郁滋味。從十九世紀的維多利亞時代，英國人就拒斥一切強烈刺激的氣味，不用大蒜和新鮮香草，魚鮮多半焓得腥淡無味，蔬菜一概煮得死去活來，橄欖油只有藥房賣，瓶上標明「只供外用」。當年有個女孩買了這本地中海料理，喜孜孜打電話跟母親說，她正用洋蔥和橄欖油做菜，卻把她母親嚇得驚叫起來。老派的英國人頑固守舊，認定外國食物汙穢不潔，異鄉風味皆是怪力亂神，對那母親來說，女兒的鹵莽舉動，無異用消毒藥水煮臭丸，實在太恐怖了。

伊麗莎白．大衛的這本地中海料理，以及她接下來寫出的《法國鄉村美食》、《義大利菜》、《夏日美食》和《法國地方美食》，啓迪了英國人對南方風味的認識，激發了他們對「鄉土菜」的興趣，原來外國菜並不可怕，義大利菜並非蒜味刺鼻，法國菜也不只是煮蛙腿和煎鵝肝。英國的主婦著手學做南歐菜，雜貨店逐漸出現鯷魚、茴香、羅勒、杏子和無花果；還有愈來愈多的餐館和小吃店，照著伊麗莎白的食譜，做出清新可喜的南方菜。

倫敦的空氣中，開始飄出檸檬香和番茄酸，一場口味的文藝復興運動，悄悄在唇齒間開展，那可不只是異國情調的時髦風潮。新鮮的滋味，從鼻舌滲入心智，經由感覺結構，衝擊到理性認知，激盪了文化與思想。地中海菜喚醒了英國人的味蕾，鬆動了宗教的壓抑和傳統的隱諱，逐漸翻轉了老舊的生活態度，烹飪和飲食，原來不是糊口維生，而是美妙莊嚴的身心儀式。蒼白的盎格魯薩克遜人，由此汲取到新元素，採南補北，把拉丁的奔放和中東的穠麗，吸納爲滋補文化的新養分。

燜燒兔肉的生活脈絡

伊麗莎白是近代飲食文學的女王，然而她的書寫，引發的不是食慾饞涎，而是深層的渴望悸動，那不是一般食譜能做到的。英國人不擅烹飪，卻有深厚的食譜傳統，當法國的男性大廚揮灑創作時，英國的淑女名媛則埋頭撰寫食譜，依莎•愛克頓（Eliza Acton）和畢登夫人（Mrs. Beeton）在維多利亞時代出版的家政書，迄今仍被奉爲經典。然而伊麗莎白和她們不同，她不是那種端坐深閨的女人，守著磅秤和量杯，一板一眼寫下食譜配方，忠實記錄持家心得。

她逃離家庭，掙脫階級規範，行腳天涯周遊各地，勇於冒險體驗，深入風土人情，閱歷各種生命情境。她特立獨行，是那個時代少有的女性旅人，有如班雅明所說的「漫遊者」（flaneur），遊走於地域和階級的邊緣，然而沒有男性的憤世憊賴，純以女性的直覺感官去參與領略。她把文學、食物與旅遊融冶一爐，食譜不再是單薄的技術手冊，而是豐富多元的立體文本，食物被還諸歷史時空，放回生活的脈絡裡，不只是吃什麼，還有怎麼吃，用什麼盛，配哪些東西，在什麼地方，顏色怎樣，溫度和聲音如何，又有什麼典故滄桑。

有這麼多要說，可是她的文體乾淨，用字俐落，把做菜說得生動又簡單，寥寥數句就點出氣氛神韻。你看，她寫「火烤紅鯔」，短短四五十字，過程、訣竅和吃法都齊備了：

「用火烤洗淨的紅鯔（不要去掉魚肝），烤時淋一點橄欖油。茴香切碎混入牛油，並擠幾滴檸檬汁，烤好的魚就蘸這茴香牛油吃。」（106頁）

然而她寫西班牙的海鮮大鍋飯（paëlla），則花了數頁篇幅，詳細介紹材料、做法和不同版本，然後出其不意來上一段「鍋景」，鄉間餐館的情味立即躍然紙上：

「……到了下午很晚的時候，亦即名不符實所謂的『午餐時間』終於結束時，就會見到一排金屬煮飯鍋，大小齊全，擦洗乾淨閃閃發亮，一行行緊排在一起，擺在廚房外面或中庭裡等太陽曬乾。」（159頁）

她見識廣，觀察入微，博聞卻又嚴謹，筆法雍容而精準，有人形容，她的文風「揉合了女教師和貴婦的氣質風華」，不過我認爲，她更像民俗採集者和人類學家。

看看「野兔和家兔」那一章（188－199頁），根本是一則鄉野的人類學筆記，寫得華麗豐盛，淪肌浹髓，讓人讀得心醉神馳。尤其是那道她從史料中刨出的「酒燜蔥蒜兔肉」，長達七頁，細煨慢燉剁料濾汁，極盡繁複精微之能事。老實說，就算能獵到那種「頭和四肢有點剛健之姿」的法國野兔，我也絕不想用這方法燒兔肉，但這道食譜實在太精彩了，既豪獷又細膩，充滿強悍的鄉氣和執著，從中可以一窺地中海的精神原貌。

地中海是否變淺了

然則地中海精神又是什麼？不只英國人，大概全人類都覺得地中海旖旎浪漫，有藍白屋子和明媚陽光，葡萄美酒和甜橙香柑，燦亮星空和希臘神話，適合放逐逃逸、休養歸隱，如果不成，至少該去度假散心。大半世紀以來，文人和藝術家絡繹前來，追尋創作與心靈的桃花源，海明威、費茲傑羅、杜雷爾、D.H.勞倫斯，還有對伊麗莎白影響最深的諾曼・道格拉斯（Norman Douglas），都受過地中海灌頂膏沐，在作品裡留下棕櫚樹影和橄欖油漬。

而有關地中海的風物、旅遊和美食書，在書市早已滿坑滿谷，九十年代後，彼得梅爾的《山居歲月》，芙蘭西絲・梅耶思的《托斯卡尼豔陽下》，更掀起新一波地中海熱，吸引更多人南來朝聖，盤桓長居。這批雅痞優痞或者所謂的布波族，較諸半世紀前的文人，當然更爲輕盈愉快，他們找尋的桃花源泰半與心靈無關，主要是爲了紓解與享樂，地中海舒怡隨興的生活方式，鮮香美味的料理酒食，更受推崇禮讚。

除了享樂，還有健康。近年的研究發現，地中海菜常用的番茄、青椒、大蒜、洋蔥、葡萄酒和橄欖油，有減肥防癌，降血壓抗氧化之效，宜於駐顏健身，養生防老。文化上本已得天獨厚，清新美味再加上健康，使得地中海菜愈發政治正確，成爲料理中的顯學。然而我總感到，在番茄和橄欖氾濫的菜餚中，在薰衣草和普羅旺斯的漂亮圖片裡，地中海好像變得平淺了，有些東西漸漸稀淡甚至流失了，它不該如此輕柔浮泛，美麗簡單。

在浪漫化的熱潮中，這本書就顯得更加深刻立體，光影鮮明如希臘石雕。說眞的，這些半世紀甚至百年前的菜譜，有不少大塊文章，令人躊躇卻步，除了那道酒燜蔥蒜兔肉，還有什麼用豬頭熬的希臘碎豬肉凍，以牛油洋菇鑲塡的波爾多燒鵝，加了培根肉腸豬腳一起燜燉的白豆什錦砂鍋，還有一整條塞滿了大蒜和鯷魚的羊腿，扦烤後用大量蒜汁配食……哎呀呀，這要如何上手，又怎麼下箸呢？

鹹風和月桂味的古典主義

以現代眼光來看，這本食譜不夠「新速實簡」，既無精美照片，又沒詳細的步驟圖解，做工麻煩口味濃重，不夠正確健康；但我覺得，這種古意盎然的厚重風味，正是原汁原味的地中海精神，樸拙而剛烈，奔放但又執拗，混合了農民、水手和詩人的氣質，夾雜著鹹風和月桂味。那種老式風情毫不溫馨甜膩，絕不是「阿嬤的味道」，而是雄渾壯麗的古典主義，意興酣暢淋漓，即使做不來，讀著也痛快過癮。

諾曼・道格拉斯說得眞好，「人活得愈久，就愈了解到，沒有什麼是天天吃得來的菜。」在這速食輕食的世代，我們只顧著錙銖計較時間與熱量，不免歧路亡羊，逐漸遺忘了食物的原始風味，惟有在老式的菜譜食經中，才能拾回料理的精微奧義。

對台灣和亞洲來說，老派英國人對異鄉菜的恐懼，我們恐怕很難理解。因爲在我們的文化中，地中海是中產階級的憧憬夢幻，非僅浪漫，還鍍上一層耀眼的歐西光環，法義料理早被熱烈擁抱，希臘和西班牙菜也大行其道，而街頭和夜市，還有中東烤肉和土耳其冰淇淋。然而這飲食的橫向移植，多半由美、日中轉而來，偏於率意與簡化，再經過傳抄或改良，益趨失眞走樣。這本老派的地中海食譜，正可帶來新的思考，古典主義或許厚重，卻能讓我們跳脫皮相，回歸原始神髓。

伊麗莎白・大衛的書寫，啓發了無數名廚與食家，她的影響力不只遍及英國，也跨洋傳到美國，尤其是風土與地中海相近的加州。半世紀以來，她的著作長銷不墜，入門者認爲她寫得淺白簡易，內行人則喜歡她豐富雋永，細膩耐讀；無論廚藝深淺，前來扣鳴的讀者，都能從中獲益。舊金山名廚華特詩（Alice Waters，她的餐館Chez Panisse以有機食材及地域風味著稱）說得中肯，「我每次重讀伊麗莎白・大衛的書，總能在細節裡發現新靈感，她的文字讓我充滿感覺。」

我只是普通的食物愛好者，但也深有同感。十多年來，我經常翻讀伊麗莎白的書，不管是爲了學做焦糖布丁或馬賽魚湯，爲了找東西查資料，或純粹只爲耽迷享受，每次拿起來就放不下，總是看得入迷，不時發現可喜的新意。

這次讀完黃芳田中譯的《地中海風味料理》，又讓我得到不少收穫，她不僅掌握了原作的文字韻味，對於食材、菜式和烹法的迻譯，更是嚴謹準確，而且她顧及文化差異，不時在譯注中加以引點說明。例如她說希臘的「山賊料理」，做法相當於中式的叫化雞；她指出做「慕沙卡」（書中譯爲「碎肉千層茄」）要用圓形大茄子，細長條狀的不適合，都有助於讀者理解應用。

食譜不好譯，此書尤難，除了涉及地中海各國的食材民俗，還有歷史和文化背景，光靠英文不足敷用，幸虧黃芳田通曉法、義、西班牙等數種語言，又曾在地中海和中東各地深入遊歷，熟諳在地知識，譯文暢達清順，絕不囫圇夾生。對台灣和中文世界而言，這眞是一大福氣，伊麗莎白向來挑剔，如果她能看到這本中譯，我猜，她應該也會含笑嘉許，以她慣有的雍容語氣說，「嗯，那是不錯了。」

好的食譜是經典，歷久彌新，跨越地域與文化，可學師，可閒讀，可怡情，可借鑒，隨著時間日久，滋味愈加深釅。伊麗莎白·大衛一生只寫了十本書，都經得起時代洪流沖刷，成為飲食文學的經典。捧讀她的書，我們學到的何止是做菜？

食譜如小說，或武功心法

謝忠道

伊麗莎白・大衛在英美語系的國家有著相當崇高的地位，是二次戰後英國飲食廚藝最具影響力的人。而她的影響力便是從一本小小的食譜開始。這本食譜書首版於一九五〇年，一九六五年、一九八八年、二〇〇二年數度增補再版，差不多每隔十五至二十年一個世代跨度，可見這本書歷經時代的考驗以及受歡迎的程度。也就是說，吃到首版做出的菜的孩子今天很多都是祖父母級了，然他們仍在繼續做這一道道的美饌給下一代、下下一代。

如果一本食譜可以經過一個民族半個世紀的人的檢驗，做法歷久彌新，做出的菜美味依舊，甚至已經內化到這個民族的飲食精髓裡，成爲一代人的味覺原鄉，那不只是一本食譜，而是一本偉大的食譜。

可是一開始讓我覺得有滋有味的卻是閱讀上的。

除了廚師，大概很少人「閱讀」食譜。對大多數人來說，食譜不是書，是手冊，是操演練習的範本。選一道菜來做，看看需要哪些材料，多少的香料，哪部位的肉，然後是一道道的步驟，火候的大小，加不加蓋，燉煮的時間……直到上桌前最微小的細節。向來，閱讀食譜本身不是目的，弄出一道道美味佳餚才是目的。食譜是攤在廚房裡隨時會沾上油滴，不小心會燒到的東西，實用性大過閱讀本身的樂趣。然而伊麗莎白這本《地中海風味料理》

食譜書帶來的卻是閱讀和做菜的雙重樂趣。

這本食譜以一種自然家常的語氣來描述做菜的過程，彷彿她親身在旁指點。不拘小節的時候，僅有兩行字，讓你覺得做菜再簡單不過了。但是繁瑣精巧時，一個煎蛋捲她用四頁十幾道手續來敦敦教導不能錯壞的任何細節。伊麗莎白・大衛該是個直爽單純細心，有原則卻不墨守成規的女人，因爲她的個性情緒在一道道的食譜裡簡直呼之欲出。說到烤小羊肉，她說：「希臘人喜歡把食物放涼了吃微溫的，怎麼跟他們爭辯都沒用。」了解一點希臘料理的讀者看到這裡一定發出會心的微笑。和多數讀起來冷漠機械面目模糊的食譜比起來，這根本是本生動精彩的美食小說，你在想像做一道菜的過程，同時在想像一個熱情直爽的女子很認眞地過日子的樣子。

它幾乎讓人忘記這本食譜是誕生在一個百廢待舉的時空，一整個民族飽嘗戰火飢餓近十年的情境裡。這也正是這本食譜了不起的地方。

以今日的角度看，書中部分的食譜和現代或許產生了某種距離（比如270頁的葡萄酒烤梨做法中，「最慢火烤5~7小時，甚至烤一晚」），但也讓我們看到那個時代裡對食物做法的眞誠和執著，記錄著那個時代的食物精神。和今天都在強調健康抗癌排毒減重的食譜相比，這本看不到膽固醇、血醣脂肪等字眼的食譜無疑地更貼近食物的本質：美味。

書中看似簡單而基本的做法，其實是需要對食材有一定程度的了解（比如知道朝鮮薊是怎樣的植物，又該如何處理），以及因爲產品的改變，有些東西已經無法像書中那樣產生（261頁埃及王宮餅中奶油的做法）；或是有些做法名稱已經不一樣了（304頁的酸豆醬Tapénade現在則指的是橄欖醬的泛稱）。可是這些無損於我們對這本書的評價，反而我們看到的是一本格局恢弘，有時間和空間厚度的書：空間是地中海，時間是半個世紀。

地中海風味料理風行世界十多年，在菜系血統越來越混淆雜亂的今日，伊麗莎白・大衛這本書卻讓我們在一片被全球化模糊朦朧的視野中，更清晰地看到地中海風味料理的輪廓和底蘊：一種根植於土地、人情、文化、習性與傳統發展出的飲食風格，這種母性的風格就是我們經常說的「媽媽的味道」。

我始終認爲做菜是一種「以成敗論英雄的事業」。管你廚師名氣再大，食材多昂貴難得，做法描述得多細膩，讓人做不出好菜就是壞食譜。實際操作是檢驗食譜唯一的手段。書中那個物質缺乏的年代已經不再，現在的大都市裡不難找到過去罕有的材料配料，要複製出遠在千里外地區國度的某道料理並非難事，但是現代人也越來越依賴工業食品來完成這樣的異國美味夢想，對異國文化的想像也就經常被工業廉價粗糙的複製品所扭曲。

這本書中極少使用罐頭製品或人工調味，部分原因可能是那個時代少有這些工業用料，可是反過來看，這樣的料理精神正是今日我們企求的：自然、眞實、美味。

因此好食譜更應該像一本武功心法，習武者從中修練基礎法門，讓以後的功力得以更深更遠。這是本絕佳的食譜心法，讓人一窺地中海風味料理的全貌，也輕易地掌握它的本質。

但是心法畢竟只是心法，想增強功力，只有修練一途：現在就去動手做！

企鵝版初版序

這本書首次出版是在一九五〇年，當時要燒頓好菜所需材料幾乎全要靠配給或甚至無法取得。要做一頓最簡單有兩三道菜的飯，都得費盡心思去張羅。不過就算大家無法經常按照此書所述去做菜，想想這些菜也可以望梅止渴；至少可以從排隊購買每週配給食品的苦悶與挫折中暫時解脫；讀讀關於用葡萄酒和橄欖油、雞蛋、牛油、鮮奶油做的菜式、眞正的食物，以及充滿洋蔥、大蒜、香草、繽紛南國菜蔬的色香味料理。

重新爲新版修訂此書食譜時，在材料方面我沒有多大改動，倒是有些地方我增加了用蛋數量，或者在某道食譜裡加了一點高湯或培根、肉類等的分量；我挑出了一兩道食譜不再用，因爲當初寫它們時所採用的某些食材是「代用性」的，雖然不是錯誤的食材，而是本來做這些菜應該要用到肉類或高湯或牛油才有味道，但由於缺乏之故，所以我改用額外分量的調味品，或者番茄糊、葡萄酒、蔬菜等以增添滋味。

這是由於當年食材品質很差又很缺乏，因此不得不想出變通辦法以便煮出對味的效果，而且也由於過去幾年之中我有機會學到比當年更多的不同烹調方式，並得以簡化某些料理的做法說明。此外，有幾道食譜其實跟地中海料理無關，但因爲我自己過分熱中，所以就收錄到書裡，在這一版裡也都以我後來收錄到的地中海食譜換掉了。這些新替換的食譜包括地中海東部的料理，由希臘、敘利亞、土耳其到中東皆有，此外還有義大利、西班牙和普羅旺斯。

跟兩年前的食物情況比起來，可謂驚人的不同，我想大概沒有一樣食材是買不到的，不管多麼異國風情，只要是此書裡提到的食材，縱然只有一兩家店舖在賣，都可以在英國買到。偶爾到蘇豪區或者托田罕法院路❶去逛逛市場的人，可以買到希臘乳酪和卡拉馬塔（Calamata）橄欖、中東芝麻醬、賽普勒斯島的油浸小鳥、土耳其的葡萄葉捲、西班牙肉腸、埃及棕豆、鷹嘴豆、亞美尼亞火腿、西班牙、義大利和賽普勒斯的橄欖油、義大利乾肉腸和米，甚至偶爾還可買到拿波里的莫札雷拉乳酪，以及希臘伊米托斯山產的蜂蜜。上述這些都是讓一頓地中海風味的飲食更形完整的特殊食材，但是要做出這種風味截然不同於英國料理的地中海菜式，所用的基本食材卻是人人都買得到的；這些食材是橄欖油、葡萄酒、檸檬、大蒜、洋蔥、番茄，還有芬芳的香草和香料，我們英國料理通常就是少了這種種的味道與色彩，以及眞正食物熱騰騰、滋味無窮、撲鼻的香氣。

伊麗莎白・大衛

一九五五年於倫敦

---

❶托田罕法院路：Tottenham Court，倫敦市內自治市康登（Camden）內的購物區。

企鵝版再版序

地中海周邊諸國就跟其他地方差不多，烹飪一直不停在演變；傳統菜式採用了現代做法、新的食材，或者原有古老做法因著現代耕耘、運輸、保存、儲存等方式的進步，而在材料上有所變化或甚至來個基本改變。

有鑑於這些環境條件，因此我現在也為這本書一九六五年的版本做了些補充和變化，以便符合原有特色又不脫其範圍。

我希望有朝一日能夠再為地中海沿岸的料理寫這種簡短介紹。在那些地區裡，永遠會有新發現、新打開的門、新的印象等待傳遞。

伊麗莎白．大衛

寫於一九六五年一月

一九八八年版序

話說一九四七年我開始收錄食譜要寫這本書時，當時根本沒想到是爲了將來要出版，倒是畫餅充飢的心態居多，聊以在戰後英國嚴酷的食物短缺環境中自我慰藉。如今回顧當年的日子，肉類、牛油、乳酪、糖、雞蛋、培根、牛奶，甚至餅乾、甜食和巧克力等全都要靠配給，新鮮蔬菜水果稀少，檸檬、橙和番茄罕有如鑽石，貨品如橄欖油、米、進口義大利乾麵已成了異國風情的回憶，要買鮮魚得大排長龍，我看到了自己寫下地中海食譜其實也是出於反抗精神。這些食譜是我在普羅旺斯、科西嘉島、馬爾他島、雅典以及希臘群島之一的希洛斯島蒐集來的，德軍占領希臘之前，我在希洛斯島住過七個月。之後我在亞歷山卓待了一年，受僱於英國海軍部，又到開羅待了四、五年，爲英國新聞局組織並管理中東資料室。那些年對我來說既美好又充實，直到一九四五年聖誕節結束，因爲我離開了埃及，前往印度新德里去跟我先生會合，當時他在總司令官奧欽雷克將軍麾下。

在印度逗留了短短幾個月後，健康狀況岌岌可危，於是像個打包很差勁的包裹似地回到了英國。回國之後，發現自己除了烹飪之外，既沒工作，能做的也不多。當時光是要找到基本食材放進我鍋裡去煮就已經困難重重，因此花在四處搜購的功夫比做飯功夫還多也就不足爲奇了。但是話說回來，大家都一樣，而且也都設法應付過去，雖說我們也的確吃了很多倒盡胃口的馬鈴薯和豆子，但比起戰時一直待在英國的姊姊以及朋友們，我已經占了一大便宜。因為他們儲藏櫃裡塞滿了像速食湯包、蛋粉、奶粉還有碎餅乾之類的食品，我反而沒這些累贅，因此樂得無拘無束自行外出搜購，看看哪家店裡或許有些不需要用上配給票券又合我胃口的食品。這些店也不過就是蔬菜水果店、魚販、賣野味和禽類的店家。不是什麼很了不得的選擇。但別忘了，當年可不像現在有很多外國進口的貨色擺買在蔬菜水果店裡。酪梨以及南歐蔬菜，英國都還沒有得賣，茄子、甜椒、筍瓜以及茴香也很少聽過，甚至連大蒜都不易買到。要是你跟人提起羅勒或龍艾，人家還會問你那是誰？

到了一九四六年秋天（我是那年八月回到英國的），番茄首次再度出現市面上，情況終於看來有點好轉了。哪知我想錯了。轉為冬天之後，我那倫敦頂樓寓所幾乎沒有暖氣可言，冷得我發抖。過去這麼多年來我一直住在氣候炎熱的國度裡，如今全部服裝都顯得很不足。服裝配給券根本不管用。到了聖誕節寒冬眞的來臨了，一九四七年的一月、二月還有三月眞是難忘的最寒冷冬季，四月又是本世紀以來最潮濕的春天。

就是在那些飢寒交迫的星期裡，我為了逃避現實，躲進了寫作世界，寫下從前在地中海地區那些年裡所吃過、做過的好菜。寫著寫著，當年在那個遙遠希臘島上頗清苦的生活開始浮現出光輝，像個豐盛又燦爛的失樂園般。至於我在亞歷山卓和開羅的戰時日子裡，食物的確很豐盛多樣，而且通常都很美味可口。雖然當時未曾察覺，但實際上我早已對地中海以及中東的食物和烹飪上癮了。這個癮到現在還未曾戒掉。然而在一九四〇年代末期以及一九五〇年代初期，想要過足這癮幾乎是不可能的。好吧！起碼我可以把回憶寫在紙上，這一來我就不會忘了鮮豔繽紛的蔬菜、羅勒、檸檬、杏子，用小羊肉以及無子葡萄乾、松子煮的飯，熟透的綠色無花果、希臘的白色羊奶乳酪、香噴噴黑濃的土耳其咖啡、充滿香草芬芳的烤肉串，當早餐吃的蜂蜜混優格、玫瑰花瓣做的果醬，傍晚時在雅典咖啡館露天座望著衛城景色吃著的冰淇淋，在亞歷山卓曾爲我當過短暫廚子的希臘採海綿漁夫，他來自多德卡尼斯群島的西密島，曾經煮過令人回味的海鮮大雜燴。所以，就在二次世界大戰剛結束，緊接而來的英國美食生活中的最慘痛時期中，事情就這樣發生了，我組成了這書的最基本內容，後來這書就變成了《地中海風味料理》。

大概兩年之後，到了一九四九年，有位跟文化界有關係的朋友自告奮勇要把我這些破破爛爛的食譜——畢竟我一直有在用它們——拿去給不同的出版界朋友看。結果除了其中一位，其他每個都說（而且也不能怪他們），「我們現在根本都沒足夠的食物烹煮來吃，還想出烹飪書，這可是發神經了。」唯一例外的那個人就是約翰．列曼。我並不認識他，不過聽過他的大名，知道他是企鵝新寫作書系的編輯，他寫了短簡給我，告訴我說他願意出版我的書，叫我到他辦公室去見他。

我還不只是從沒見過約翰．列曼，而且從來也沒接觸過任何出版社，因此完全沒有概念會是怎麼回事。去到那裡，人家帶我到他辦公室，列曼先生態度很客氣但很乾脆，說願意出版我的書，並預支一百英鎊稿費，在簽合約時支付五十英鎊，書出版之後再付五十英鎊。他會委託約翰．明同（當時我根本沒聽說過這人）設計封面並繪製插圖。列曼先生拿出一本他不久前出版關於科西嘉島的書給我看，書名是《Time Was Away》，封面和插圖就是約翰．明同畫的。作者是Alan Ross，我認爲畫得很有意思而且有錦上添花的效果，於是事情就這麼說定了。

談到書名時，列曼先生不太喜歡我定的書名，我稱此書為《地中海風味料理》，但我也願意聽聽別的意見，還沒完全敲定。書名叫做《藍色快車烹飪書》如何？喔，老天！藍色快車不早就和一九三九年之前的好景日子一起消失了嗎？消失的還有《閒談者》❷雜誌上那些社交名媛在坎城、蒙頓、翁提布角，聖璜樂班海灘上的泳裝照。我怯怯地提出一個無足輕重的理由，「呃……藍色快車是不到亞歷山卓和開羅的，對不對？」列曼承認我說得對。「嗯，那你還有沒有別的想法？」他問。「我是忍不住認為書名要放『地中海風味』才行，這點很重要。」「這樣吧！」他說，「你回去再想想書名，我也會再想想，然後看我們兩個想出來的有哪些再說。同時你還得為這本書寫篇序，說不定再多加點內容，因為篇幅實在太短了，你知道。」

我回家去了，一面想著這篇序該怎麼寫，同時想到要換個新書名又有點不太高興。過了兩三天，我接到約翰·列曼的信，告訴我說經過考慮之後，他明白到畢竟我是對的，所以還是維持我原定的書名，看了信之後，我如釋重負。

如今回顧，我很敬佩約翰當年的風度，因為後來我跟他認識久了，才知道他其實一點也不好應付，但當年他卻肯讓步，使得這本書得以保留「地中

---

❷《閒談者》：Tatler，隨筆作家斯蒂爾（Richard Steele）爵士從一七〇九年四月至一七一一年元月在倫敦創辦的期刊，每週出三期。該刊物最初聲明其目的是向讀者報導上層社會人物的風流瀟灑、義俠行為、歡樂愉快和娛樂活動，同時刊載詩歌和國內外新聞。

海風味料理」的書名。現在看來當然會覺得此書是不可能取別的書名了。但是在那時的確難以取捨。至於序，我寫得很馬虎，列曼先生很包涵地接受了。此外，吾友薇洛妮卡．尼可森曾經極力遊說我到嘮叨不休的地步，要我把這些食譜筆記寫成書，所以我提出要將此書獻給她，她也接受了。

時至今日，所有——或起碼可以說幾乎所有——作者都有出版社的編輯予以協助，編輯幫他們做的事包括校對，例如大寫字母、斜體字母、措詞用字精確與否以及註腳、問號是否放對了位置，當然還有拼字（雖然我拼字能力很不錯，但很多作家拼字能力眞的很差，實在很令人驚訝）。至於編輯烹飪書，就要仔細校閱食譜前後連貫性，以免做法說明中出現某樣材料，然而作者一開頭所寫的所需材料卻漏了列出，又或者剛好相反，列出了某項材料，做法裡卻沒有提到，結果這項材料令人莫名其妙。像這些地方對於食譜書而言是很重要的，但是反而經常爲食譜作家所忽略，這點我後來因爲在出版公司Andre Deutsch做過兩年烹飪書籍編輯才體會到。在那時眞是很要命的工作。作者並非總是很樂意自己的寫作技巧遭到質疑的。就我個人來說，有人能夠指出我的錯謬和前後不連貫處，我是再感激不過，不過我對某些所謂的編輯其能力看法也仍然有個底限，因爲他們在我原稿裡多加了幾百個逗號，又頻頻改爲大寫字母——一九五〇年代末期，《週日泰晤士報》的文藝版編輯雷納德羅塞有一次就跟我說，「你對逗點很神經過敏。」這也不能怪我，之前我碰到的某些編輯使得我如驚弓之鳥。言歸正傳，總之一九五〇年那時，約翰．列曼並沒有爲烹飪書籍聘用主編，因此我的打字原稿（多年之後，約翰告訴我說那是他收過打得最不整潔的稿件）差不多就是以本來面貌出版。甚至那道食譜「烤全羊的土耳其式餡料」，曾令已故的朱莉亞·斯特雷奇（Julia Strachey）十分著迷，當時她是約翰·列曼的特約審稿人，後來她告訴我，她最後力勸約翰出版此書，光憑這道食譜就該出版——「想想看，烤全羊，而我們如今每星期的肉類配給才幾盎司而已」——因此並沒有改動。還有那篇講到普羅旺斯風味扦烤羊腿，羊腿嵌入一打大蒜，再嵌入比大蒜多一倍的鯷魚肉，再用一公升大蒜加一杯湯煮成醬汁，吃羊腿時就佐以這大蒜汁。我決定讓這食譜就以法文原文出現，但已經不記得爲什麼這樣決定，也不記得食譜的出處來源了。結果招來《哈潑時尚》的美國編輯卡特太太典型的尖刻批評，她不巧弄到了我的打字稿。她追問一位同仁：這人以爲自己是誰啊？她指望我們都能看懂法文嗎？讓我感到彷彿自己用法文說過了「別在下人面前講這些」的話似的。總而言之，我還是保留了法文的大蒜和鯷魚等等，既然約翰·列曼都沒表示反對，那我幹嘛要爲了卡特太太而把它翻譯成英文呢？這道食譜依然原封不動收在此書的第127頁。

一九五〇年五月，《地中海風味料理》出版了，價格是十先令六便士，約翰·明同的封面設計令人驚豔。大老遠從街上就可見到櫥窗裡這本書的封面，燦爛蔚藍的地中海小灣，他畫的桌子鋪了白桌巾，擺了鮮豔繽紛的水果，一碗碗麵飯，一隻龍蝦，壺、罐以及瓶裝的葡萄酒。書出版之後的那個星期天，《週日泰晤士報》有一篇書評，是廣受尊崇的旅遊作家伊麗莎白·尼可拉斯寫的。我讀這篇書評時——雖然當時並不認識她，但後來我們成了朋友——簡直難以相信自己的眼睛。她眞的很喜歡我的書，而且也眞的看過這本書了。她毫無保留加以讚美，而且也了解爲什麼我拒絕，以她的說法，是「以權宜之計將就湊合」，並補充說，要是削弱這樣認眞寫出來的地中海料理作品以便「因應眼前的苦日子，但我們是指望眼前苦於食物的情況很快會過去的。」那可是大錯特錯。她最後那句說得眞好。尼可拉斯太太另一個觀點也特別讓我開心，她先稱讚了明同當之無愧令人讚賞的插圖，又對我引述的相關美食文字客氣了一番，最後的讚語是「還要提一下此書最令人刮目相看的不尋常之處，是內容完全沒有提到布里亞－薩瓦蘭❸說的話。」書評竟然注意到我是刻意不提，實在令我感到大快。這位美食學大家的確很有獨到之處——在他那個時代——但在我看來，大家似乎都已經聽膩了那些格言，譬如講到吃一頓飯而沒有得吃飯後乳酪，就像是個美女少長了一隻眼睛，更何況對於這一世代已經捱了五年戰時食物和配給日子的人來說，幾乎已經快不記得曾經有過的好景滋味：無限量的牛奶、鮮奶油、橙、檸檬、糖、果醬、肉類，更別提葡萄酒和橄欖油，飯後吃的乳酪根本就不切題。重點已經在於巧婦也要先有米才能有所炊，然後再去想這頓飯沒有了那三、四盎司的乳酪算不算是完整的一頓飯也不遲。

《地中海風味料理》才剛出版不久，列曼就問了：「你接下來可以給我什麼樣的書？」這回我可是早有準備。在寫《地中海風味料理》時，我有一小系列法國料理的食譜沒能派上用場，於是就把這些食譜蒐集起來，成了《法國鄉村美食》這本書，也是由明同設計封面並繪製插圖，於一九五一年出

---

❸布里亞－薩瓦蘭：Anthelme Brillat-Savarin，1755~1826，法國法學家，拿破崙執政時曾任最高法院法官，又是美食家，著有《味覺生理學》及法律相關書。

版。我跟這兩位約翰後來都成了朋友，一九五三年我正在寫第三本書《義大利料理》時，約翰·列曼寫信告訴我說他的出版生意要結束了，我宛如晴天遭霹靂。雖然他在出版方面聲譽卓越，是個文化修養很高的出版人，但公司卻一直在虧錢。布利斯托爾港的印刷廠普內爾本來有資助他並且供應印刷紙張——至今紙張依然缺乏——跟他說已經無法在財務上資助他了。大概就在那場相當火爆的開會過程中，普內爾其中一個主管說，「列曼先生，我們所需要的是幾個生花妙筆的奇聞漫談。」約翰一怒拂袖而去。也許他做得對。但他卻留下簽下的作者任人擺佈。我的情況是普內爾擁有的另一家名叫「麥當諾」出版公司來擺佈我了，但這家公司很賺錢。他們的出版品包括教科書以及《珍氏戰艦》等。

事態明朗化之後，才知道原來麥當諾只接手要了兩個列曼簽下的作者，我是這兩個倒楣鬼之一，另一個是美國作家保羅·鮑爾斯，寫過很獲好評的《遮蔽的天空》(*The Sheltering Sky*)。保羅後來告訴我，沒多久他就甩掉了列曼轉讓的合約關係。我可就沒他那麼好運了。

大概是在一九五四或一九五五年某個時候，我接到了麥當諾一位董事的來信。他說，他很能體會我大概會認爲此想法「有失尊嚴」(眞是奇怪的措詞)，不過企鵝出版公司已經跟他們公司接洽，打算出版《地中海風味料理》，因此他覺得通知我是他的職責。我根本就不認爲出版廉價平裝本是「有失尊嚴」，反而忙不迭趕緊抓住這機會。企鵝出版平裝本意味讀者會大大增加，而且可能還會多了年輕族群，包括學生、小夫妻，以及許多與人合租或者自己租公寓住的職業婦女，這些人仍需要自行開伙，偶爾可能還要請人來吃飯。從今天的物價水準來看，十先令六便士一本精裝書似乎的確很便宜，但在當時卻是頗大的花費。平裝本會賣兩先令六便士，這是人人都負擔得起的價格，連兒童都可以買來送給父母。更重要的是，到了一九五四年，終於結束了食物配給制度，然而當時市面上除了Bee Nilson在戰時所出版的《The ABC Cookery》之外，沒有其他平裝本烹飪書。我的書簡直就是遇上了千載難逢的機會。我後來才知道這主要是靠尤妮絲．弗洛斯特小姐的努力，她是企鵝叢書唯一的女性董事，亞倫．蘭恩爵士很支持她，是她促成了《地中海風味料理》出版的。董事會其他成員都反對這計畫。

當時我並不知道有這些反對意見。交給我的任務是修訂並更新此書，寫些新材料，加進幾道新食譜。對於企鵝提出這麼卑微的要求，我欣然從命。誠如我在幫企鵝於一九五五年所出的第一版平裝本寫的序裡所說，「跟兩年前的食物情況比起來，可謂驚人的不同，我想大概沒有一樣食材是買不到的，不管多麼異國風情，只要是此書裡提到的食材，縱然只有一兩家店舖在賣，都可以在英國買到。偶爾到蘇活區或者托田罕法院路去逛逛市場的人，可以買到希臘乳酪和卡拉馬塔橄欖、中東芝麻醬、賽普勒斯島的油浸小鳥、土耳其的葡萄葉捲、西班牙肉腸、埃及棕豆、鷹嘴豆、亞美尼亞火腿、西班牙、義大利和賽普勒斯的橄欖油、義大利乾肉腸和米，甚至偶爾還可買到拿波里的莫札雷拉乳酪，以及希臘伊米托斯山產的蜂蜜。」伊麗莎白．尼可拉斯說的真對，幸虧我沒有「以權宜之計將就湊合」。實情是我根本受不了將就湊合，想到要用人造牛油以及人造豬油就退避三舍，我自己都不肯用這些東西來烹飪，那又何苦強加諸我的讀者呢？

在我而言，《地中海風味料理》如今能花兩先令六便士就買到，簡直太好了，另一方面我也非常難過，因為約翰．列曼是最初冒險出版此書的人，但他卻沒能分享到平裝本的版稅——應該說其他任何版的版稅都沒分到。我對麥當諾以及他們對於平裝本所堅持的條款深惡痛絕，雖然我相信當時這些條款是頗平常的，但還是不認為他們就因此沒那麼可惡。他們可以獲得50%版稅，而我則得滿足於剩下來的50%版稅，時至今日都是如此。這家出版公司當初非但一點都不曾參與過出版此書，後來也從來不曾花過一點力氣推廣宣傳，而且對接下來落入他們手裡的那幾本書也是如此，但卻仍在坐享其成，透過平裝本，坐享約翰．列曼慧眼所出的成果。約翰跟我簽的合約轉到麥當諾手上，的確令我遺憾萬分。一九五三年我把《義大利料理》的打字稿拿去時，他們的董事長，這位老總哈維議員，只會說：「你是說，列曼先生跟你簽了約，為這本書預付你三百英鎊？為一本烹飪書？難怪他的公司虧錢了。好吧！且讓我們指望你能把我們的錢賺回來吧！」

我很高興地說，儘管到我寫此文時，麥當諾已是麥士威爾老總掌管下的出版帝國部分，卻依然還在分享平裝本的版稅，至於那些書的精裝本版權則老早已經約滿不在他們手中了。從那之後，這幾本書又經歷了幾度不同生命，其中一本就跟之前落到麥當諾手中的那些書一樣慘痛。後來是Korling Kindersley諸君把我從一個叫做海爾（Robert Hale）的出版商手中解救出來，關於這出版商我不欲多說，就算自認倒楣好了，所以我的書才會被他的公司買下版權，但現在已經換了DK在幫我出版精裝本。我很感謝DK諸君，希望我這本三十八年前出版的處女作之新版本❹會暢銷。我只遺憾約翰．列曼生前未能見到這新版本，他在一九八七年四月去世，享年七十九歲。雖然新版本面貌看來很不一樣，但基本上依然是他在一九五〇年大膽出版的那本小書。

伊麗莎白・大衛

寫於一九八八年二月

---

❹原注：一九八八年DK出版了附有插圖的修訂版本。

前言

一九五〇年伊麗莎白．大衛的《地中海風味料理》出版時，我年方三歲。但是我仍然記得很小的時候，坐在母親書房裡的書架旁地板上，看著約翰．明同精心繪製的美妙圖畫。我從來沒見過地中海的藍，然而從此它卻已經從這本書的封面深植到我心目中。雖然等到我親眼見到時，它並不如我心目中的印象，但這已經無關緊要了。

過去五十年來，正是這存在於伊麗莎白．大衛想像中的獨一無二國度形成了我們的飲食、我們的夢想，以及我們的思想。一窩峰在法國或奇安提郡（這是如今人們對托斯卡尼冠以的新名稱）買度假屋的人，或者不停出版、只消提到紫色薰衣草花田和一籃籃檸檬就擠上暢銷榜的書，其實他們都在蒐尋並不存在的地方，因為那地方僅僅存在於這位專寫飲食的大作家心中。

對於伊麗莎白．大衛而言，地中海區並非僅是料理而已——而是她的身心避難所，讓她逃離位於蘇塞克斯郡冷冰冰的渥騰宅邸內那戶英國上層階級家庭裡的諸般限制。她生於一九一三年聖誕節翌日的節禮日，為名門望族之後：其父家族在一八〇〇年中期於威爾斯發跡致富，她母親則是子爵之女，是位勛爵的孫女，也是位伯爵夫人的姪女。後來因為聯姻關係，伊麗莎白更與社交界名門有了親戚關係——西西爾家族、舒伯利家族、帕爾梅家族——出身背景所帶來的傲氣與自信不期然地從她所有文字中流露出來。

她很獨斷獨行，她對蠢人很沒耐心，她有她那年紀與身分地位所具有的一絲不苟。要是你指的是「書寫紙」，你絕對不敢跟她講成「便條紙」，而這個特點發揮到寫作上就化爲「精準」優點。只要看看《地中海風味料理》這段文字，就會聽到愛德華時代的名門望族所具有的不屑語氣：

在地中海區所有地方都非常喜歡吃小山羊肉，尤其是比較原始落後的地區，如科西嘉以及希臘島嶼。爲何這種動物在英國會受到歧視，這可就難說了，而且只有那些完全不懂美食的人才會到了國外就以爲所吃的肉都是用馬肉和山羊肉來矇混他們的。小山羊肉的肉質和小牛肉、牛肉或羊肉很不一樣，何況法國和義大利廚師也沒必要假稱他們給客人吃的是綿羊肉而實際上卻是山羊肉。

同樣道理，外國人去到中東地區，通常也會聽到他們抱怨說吃到的是駱駝肉而不是牛肉。要是他們眞的吃過駱駝肉，就會很快知道其中的差別。

《地中海風味料理》堪稱爲最初出版此書的約翰．列曼勇氣之舉，戰後的英國灰暗不樂，滿目瘡痍，令人觸景生情想到不久之前的敵意。英國的食物大概是處於前所未有的低潮時期，罐頭午餐肉、蛋粉、武騰餡餅（這餅是因糧食供應部部長武騰勛爵而命名，這是一種蔬菜餡餅，加了燕麥使之厚實，並加了酸製酵母調味），吃得人們味覺不再靈光。大多數食品都需要配給，而且除了旁門左道的蘇活區之外，只有藥房才買得到標有「只限外用」的瓶裝藥用橄欖油。

伊麗莎白處女作所冒的風險有多大，從書裡第一道食譜就可看出。這道

「羅勒大蒜蔬菜湯」所需材料就有法國四季豆、番茄、義大利線麵、大蒜、甜羅勒、格律耶爾乳酪，以及馬鈴薯。當時這些材料大多數根本就沒得供應，事實上，也只有馬鈴薯是最易取得的。

伊麗莎白．大衛有幾點非常突出：追求完美、英文無懈可擊、文字精湛。她博覽群籍，在書中穿插以名家文章片段，從Arnold Bennett（過了午飯時間在世上最棒的餐廳裡吃的午餐）、Robert Byron（一頓章魚與蝸牛為主的希臘盛宴）、Tobias Smollet（尼斯海岸的豐盛漁產）、D. H. Lawrence（撒丁尼亞蔬菜頌），以及Alin Laubreaux所著《快樂的狼獾》，這裡不過列舉其中幾個例子而已。此外還有她那股對食物的熱情，從第一道吃到結束都不馬虎，包括材料的正宗、烹飪器皿的正確、做好的料理應該如何呈現等，全部都從伊麗莎白的做法說明中反映出來。講到瓦倫西亞的西班牙海鮮飯做法時，她就強調「煮好的飯應該是很漂亮的黃色，飯粒雖然濕潤，但一粒一粒都是分開的。如果需要攪飯的話，用把叉子去攪，不要用匙羹，因為後者可能會把飯粒弄碎」。

言簡而意賅。雖然她的食譜是寫給廚子看的（有時還是需要有點相關背景或者懂得某種烹飪技術），但是食譜寫得淺顯、可靠、簡單，這些特點卻是她的作品之所以禁得起時間考驗的主因。要不是因為《地中海風味料理》已經成為絕佳食譜書的話，它早就被當成稗官野史之類而歸類為文獻了。我已經做了將近十五年的專業書商，幾乎每個星期都會賣掉好幾本伊麗莎白的書。即使地中海料理食譜書大量湧現的年頭裡，顧客會全部瀏覽一遍，結果還是只買她的書，因為他們說，她把做地中海風味料理寫得看來很簡單。這些顧客沒說錯。我見過其他寫「普羅旺斯風味炸扇貝」的食譜，長達滿滿兩頁；以下則是伊麗莎白的寫法：「把白色扇貝肉橫切成兩個圓塊，加上鹽、胡椒和檸檬汁調味，撒上麵粉，用牛油炸幾分鐘，把煮熟的扇貝卵加到一起，撒點蒜末和歐芹末，吃時淋點牛油在上面。」（見第92頁）讀完這段說明之後，有意下廚磨練廚藝的人都不會有請客吃飯的恐懼症。

別忘了，此書寫成的時候，當時英國人的觀念是視外國飲食爲「卑劣穢食」的。在過去的維多利亞時代，大蒜已經棄而不用，而大不列顛也把很多差勁食物硬加諸全球很多地方。在五十年代閱讀伊麗莎白．大衛食譜的人根本無法掌握到那些食材，除非他們能要求市場供應或者乾脆自己種植。於是顧客需求日益擴大。如今光是走進超市就已經夠讓人眼花撩亂，可以見到各種異國蔬菜和香草以及林林總總的橄欖油和醋，大蒜更是到處可見。在全球最風行的料理之中，地中海風味料理已經領風騷，橄欖油也成了長生不老妙藥，番茄也被判定有防癌功效。蔬菜往往缺乏伊麗莎白所愛的眞正味道，這可不是她的錯。她在書裡可從來不需要特別提到「放山雞」或「有機」之類的字眼；農產經濟業者還得努力再創新詞才行。這是如今我們要重新設法改進的。

伊麗莎白去世之後，我去了拍賣她生前所用廚具的現場——說是拍賣會，還不如說是去買神聖遺物——代表Tom Conran去出價競標，要買她生前用來做菜並寫作的那張桌子。我眼看著它賣得巨額款項而歸Prue Leith所有，那是張洗刷乾淨的廚房舊桌子。她那些插在大碗裡的木杓木匙等，不用說都是斑痕累累的，卻賣了四百英鎊。這些出價者並不是轉手商；而是很想要告訴人說他們擁有自己崇拜的女傑之遺物，是她生前用過或甚至只是摸過的都好。事實上，我得到最可貴的遺物是她指定給我的一本她心愛的書：《The Cookery Book of Lady Clarke of Tillypronie》。書中夾了一頁草稿，那是《英式麵包和酵母烘焙》（一九七七年）的草稿，寫得簡單扼要，促使我在寫食譜時記得要寫得單刀直入。

我跟伊麗莎白．大衛其實不算很熟，但我記得第一次接到她的電話時，話筒都掉下來了，我告訴她說彷彿接到上帝打來的電話般驚喜，從此之後，每次她打來找我就先在電話裡宣布說：「上帝打來的電話。」我只見過她一次面，縱然歲月無情，但你依然可以看出當年她曾是個大美人。一九九二年九月，在倫敦的聖田野馬丁教堂的追悼會上，飲食界名家站著談她的學問以及機智風趣；他們談到了裝著黑橄欖的小藍碗還有酒杯。但是卻沒有人講到她的烹飪，直到有位上了年紀的演員講述她有一次怎樣爲他做了最完美的煎蛋卷，就在這時我忍不住爲這位改變了我們大家生活的女子潸然落淚。

克拉麗莎．迪克森．賴特

注：克拉麗莎．迪克森．賴特（Clarissa Dickson Wright）最爲人所知的是，她是電視烹飪節目〈兩位胖女士〉的兩位主持人之一，也是那系列食譜書的共同作者。其他作品尚有《羊雜鑲羊肚：一點歷史背景》（一九九六）以及《食物：我們吃什麼以及怎樣吃法》（一九九九）。

目次

煤氣烤箱與電氣烤箱溫度對照表

固體燃料烤箱	電氣烤箱	煤氣烤箱
慢火（Slow）	240~310°F/115~155°C	¼~2檔
中火（Moderate）	320~370°F/160~190°C	3~4檔
略猛火（Fairly Hot）	380~400°F/195~205°C	5檔
猛火（Hot）	410~440°F/210~230°C	6~7檔
最猛火（Very Hot）	450~480°F/235~250°C	8~9檔

英、美、公制對照表（固體）

英制	美制	公制
¼磅牛油或脂油	約½杯	約125公克
2盎司牛油或脂油	約¼杯	約60公克
1盎司牛油或脂油	約2大匙	約30公克
½磅精白沙糖	約1杯又3大匙	約250公克
¼磅精白沙糖	約8大匙	約125公克
2盎司精白沙糖	約4大匙	約60公克
1磅篩過麵粉	約4½杯篩過蛋糕麵粉	約454公克 （本食譜為方便起見以500公克為計）
¼磅篩過麵粉	約1杯又4大匙	約125公克
2盎司篩過麵粉	約8大匙	約60公克
¼磅刨碎乾酪	約1杯	約125公克
¼磅米	約1杯	約250公克

英、美、公制對照表（液體）

英制	美制	公制
1加崙=4夸脫=8品脫	=10品脫=1¼加崙	=4.5公升
1夸脫=2品脫=40盎司	=1½品脫=5杯	=1.2公升
1品脫=20盎司	=1¼品脫=2½杯	=600毫升
½品脫=10盎司	=1¼杯	=300毫升
¼品脫=5盎司=1吉耳	=½杯又2大匙	=150毫升
2盎司=4大匙	=¼杯	=60毫升
1大匙=½盎司	=½盎司	=15毫升
1大匙=¼大匙	=1小匙=⅓大匙	約4毫升

湯類

最精的人並不曾爲了響應重現柏拉圖《共和國》的自由精神而放掉自己的湯碗。

—— La Boëtie ❶

*

羅勒❷大蒜蔬菜湯

Soupe au Pistou

*

羅勒大蒜蔬菜湯源起於熱那亞❸，但已經為尼斯❹及其附近一帶地區所吸收而成為當地美食。

法國四季豆1磅（500公克），切成1吋左右（2.5公分）長；4個中等大小的馬鈴薯切碎；3個番茄去皮後切塊。3品脫（1.8公升）的水燒滾之後，將上述材料放進去煮，快煮熟時，放¼磅（125公克）的義大利線麵（vermicelli）到鍋裡，用文火煮到全熟了為止。

先將稱之為「aïllade」的蒜泥醬準備好，做法如下。將3瓣大蒜、

---

❶ Etienne de La Boëtie，法國作家，1530~1563，蒙田好友。

❷羅勒：basil，紫蘇、九層塔均屬於羅勒的一種，歐洲常用以烹飪的則爲甜羅勒。本書中的食譜亦可用台灣常見的九層塔代替使用。

❸熱那亞：Genoa，義大利西北部城市。

❹尼斯：Nice，法國南部城市。

1把甜羅勒、1個用火烤過去皮去籽的番茄，全部放在乳缽中搗爛，搗成很均勻的糊狀之後，加入3大匙上述煮出的湯汁。將蔬菜麵湯倒入大湯盅裡，徐徐攪入蒜泥醬以及一些格律耶爾乳酪❺便告成。

*

巴斯克❻湯

Soupe Basque

*

洋蔥4磅（125公克）切碎，用豬油炒到微黃；½磅（250公克）南瓜切塊；白色包心菜1顆切碎；½磅（250公克）事先浸泡好的菜豆❼，2瓣大蒜，適量鹽和胡椒，加上2夸脫（2.4公升）高湯或清水，蓋上鍋熬3小時即可。

*

檸檬雞蛋湯

Avgolémono

*

這是希臘湯類之中最為人所知的。

---

❺格律耶爾乳酪：Gruyère cheese，瑞士格律耶爾和法國汝拉（Jura）產的乾酪。

❻巴斯克：Basque，歐洲地區，位於庇里牛斯山一帶，分屬法國和西班牙。

❼菜豆：haricot bean，有不同類型；一爲白色菜豆，亦稱坎尼里諾豆；一爲紅花菜豆。

2品脫（1.2公升）濾清的雞肉清湯，加2盎司（60公克）米到雞湯裡煮到米熟了為止。將1個檸檬的汁與2枚雞蛋置於大碗內一起打成均勻蛋汁，然後加點燒滾的雞湯到檸檬蛋汁裡，一匙匙地加，邊加邊攪拌。把爐火調到最小火之後，將雞湯檸檬蛋汁徐徐加入鍋內雞湯裡，攪拌幾分鐘即可。

*

加泰隆尼亞湯

Soupe Catalane❽

*

3個大洋蔥，2盎司（60公克）切碎的火腿或培根，1玻璃杯（180毫升）白酒，1小根芹菜，3個番茄，2個馬鈴薯，2個蛋黃，3品脫（1.8公升）高湯或清水，適量百里香、歐芹，一小撮肉豆蔻。

洋蔥切絲，在準備用來煮湯的鍋裡放橄欖油或培根肥油炒黃洋蔥絲，要經常翻炒以免燒焦。洋蔥絲開始炒黃時，加入火腿丁或培根丁，以及對切成4塊的番茄和芹菜末。繼續攪幾分鐘之後，倒入那杯白酒；煮滾之後加入高湯或清水，以及切成小塊的馬鈴薯和適量調味品。

---

❽加泰隆尼亞：Catalonia，西班牙東北部地區。

煮湯時間約為30分鐘。要上菜之前，加幾匙湯跟蛋黃一起打勻，將蛋汁倒在滾燙的湯內攪勻，然後放一大把切碎的歐芹到湯裡。

這道湯也可以不加蛋黃汁而改為湯燒滾之後下一些線麵一起煮；或者兩者皆不用，只加刨碎的乳酪。

*

蕾翁婷蔬菜羹❾

Purée Léontine

*

蒜苗2磅（1公斤），菠菜、豌豆、萵苣絲各1杯，歐芹末、薄荷末、芹菜末各1大匙，½平底玻璃杯（90毫升）橄欖油，適量檸檬汁、鹽、胡椒。

蒜苗洗淨切段。橄欖油倒入厚砂鍋內燒熱後，蒜苗下鍋，加鹽、胡椒、檸檬汁調味，用慢火燒20分鐘左右。加入菠菜、豌豆、萵苣絲，炒一兩分鐘，然後加入1夸脫（1.2公升）水，煮到所有蔬菜變軟為止（大約10分鐘），再用濾器將全部蔬菜一起榨濾過。如果蔬菜泥太過稠糊，可以加一點牛奶調和，上菜之前拌入歐芹末、薄荷末、芹菜末。

---

❾蕾翁婷：譯按，作者於十六歲時前往巴黎求學，住在寄宿家庭裡，廚娘蕾翁婷為年輕女子，廚藝極佳，作者印象深刻。故此食譜可能因此而來，並由作者冠以其名。

這道羹呈淺綠色，引人垂涎，足夠供6人份。

*

白豆湯

Soup of haricot beans

*

吃剩的白豆燉肉（見168頁）可以用來做成最可口的湯。

將吃剩的白豆加一點水燒熱，然後用濾器榨壓成豆泥。重新燒熱豆泥，加上足量高湯和一點牛奶調稀成湯，然後加入一些肉腸粒即可。

*

義大利燴飯湯

Soup with risotto

*

這是利用吃剩的義大利燴飯（見154頁）來做湯。

將剩飯做成小飯丸，沾上蛋汁和麵包粉用牛油去炸，瀝乾油份之後可以加到各種不同的熱湯裡一起吃，例如清雞湯，又或者是很簡單的蔬菜湯。

*

普羅旺斯風味菊芋濃湯

Potage de topinambours à la Provençale ❿

*

用3品脫（1.8公升）加了鹽的水煮透2磅（1公斤）菊芋，榨濾成菊芋泥，重新熱過，並徐徐注入½品脫（300毫升）牛奶。

2個番茄切塊，1瓣大蒜、1小片芹菜切碎，一點歐芹末，2大匙火腿末或培根末。用小炒鍋燒熱2大匙橄欖油，將番茄等全部下鍋去炒一兩分鐘就好，然後全部連同橄欖油加到湯鍋裡，湯燒熱之後趁熱吃。

*

黃瓜湯

Hot cucumber soup

*

1磅（500公克）馬鈴薯，2個大洋蔥，2條黃瓜，牛奶，歐芹，細香蔥，1條醃黃瓜，蒜苗葉，薄荷，胡椒。

馬鈴薯和1個洋蔥用水煮軟之後，用濾器榨壓成泥，按照做馬鈴薯湯的方式加牛奶調和成稀薄均勻的羹狀。2條黃瓜不用去皮，生

---

❿普羅旺斯風味：à la Provençale，指採用普羅旺斯做法及佐料（番茄、大蒜、洋蔥、歐芹等）煮成的風味。

洋蔥1個，兩者皆刨成絲，醃黃瓜切粒，歐芹、細香蔥、蒜苗葉、薄荷全部切成末，將這些統統加到馬鈴薯糊中，用文火燒熱之後即可。但要小心看著，以免醃黃瓜所含的醋造成牛奶凝結。

*

義大利魚湯

Zuppa di pesce

*

義大利有很多不同做法的魚湯，但大多數都像馬賽魚湯⓫，更近似燉鍋而不大像湯。做熱那亞魚湯（burrida）、里佛諾魚湯（cacciucco）以及拿波里魚湯（zuppa di pesce）所用的那些多骨多刺的各種魚類，大致和馬賽魚湯所用的一樣（見103頁），不過卻加了切成圈狀的魷魚、稱為「vongole」的小蛤蜊，有時也加小條的紅鯔（red mullet）、斑節蝦（prawn），淡菜（mussel）、小龍蝦或龍蝦。

義大利魚湯的湯底通常是用橄欖油和番茄加上大蒜、洋蔥、香草，有時也加香菇乾，有時則加白酒或一點醋所煮成的清湯。然後用這清湯來煮魚，上菜時連湯一起，配以用烤箱烤過的切片法國麵包。

有個做法很簡單的義大利魚湯，採用淡菜和斑節蝦就夠了。做湯

⓫馬賽魚湯：Bouillabaisse，源起於法國南部港市馬賽的地方美食，以多種魚類和番茄、番紅花和橄欖油等煮成。

底方法如下：在厚重、闊口的鍋裡放2~3大匙橄欖油，油燒熱之後，將1個切碎的小洋蔥放下去炒到略軟，然後加芹菜葉末和歐芹末各1大匙，1~2瓣大蒜。煮1分鐘後，加入1磅（500公克）去皮切塊的番茄，用慢火煮到番茄化為汁為止。這時加白酒以及清水各1小玻璃杯，並加足量胡椒調味，要是你喜歡，也不妨放一點紅辣椒，鹽要放得很少。要是湯太稠的話就再加一點水。煮好這湯底之後，用它來煮4品脫（2.4公升）清除乾淨的淡菜以及1品脫（600毫升）的大斑節蝦（這兩樣都不該去殼煮過，不過我個人倒不是很在乎湯是否有蝦殼的濃味，所以我通常都買已經煮好的斑節蝦，而且在加到湯裡之前剝掉蝦殼⓬）。如果你採用挪威龍蝦⓭的話，只用蝦身，並在下鍋之前於蝦背中央縱切一道，以利吃的時候方便剝殼。（挪威龍蝦不像那些普通的斑節蝦殼味道很濃。）

淡菜一煮到開殼了，就撒一點歐芹末下去，喜歡的話還可以加點檸檬汁，或者在上面撒點檸檬皮碎末，將湯分別盛在很熱的湯盤裡端上桌，配上用烤箱烤過的麵包片趁熱吃。好此道者還可以在吃之前先用大蒜片在烤過的麵包片上塗抹一番。

另一個簡化的義大利魚湯做法是：隨便哪種魚，例如紅鯔、烏

⓬原注：在此情況下，蝦的分量減半。

⓭挪威龍蝦：Norwegian Lobster，有多種稱法：Dublin Bay prawn（都柏林灣斑節蝦），Langoustine（小龍蝦）、scampo（海螯蝦）等，其狀如蝦，但有一對如蟹的鉗螯。

魚、鯖魚、扁魚（brill）、牙鱈（whiting）、黑線鱈（haddock）、角魚（gurnard）都可以，切片後用備好的番茄清湯來煮，然後再加淡菜和斑節蝦，但分量減半。不喜歡吐魚刺的人可以改用魚排。

*

地中海魚湯

A Mediterranean fish soup

*

鱈魚頭1個，煮熟的小龍蝦（crawfish）1隻，2品脫（1.2公升）烏蛤（cockle）或淡菜，1品脫（600毫升）斑節蝦，甜椒1個，番茄1½磅（750公克），檸檬1個，幾片芹菜葉，1根胡蘿蔔，2個洋蔥，6瓣大蒜，3大匙米，適量粗鹽、磨碎的黑胡椒、百里香、馬郁蘭⓮、羅勒、茴香、歐芹，1片橙皮，白酒½品脫（300毫升），清水4品脫（2.4公升），番紅花。

用以下材料先熬湯底：鱈魚頭、小龍蝦與斑節蝦的殼、芹菜葉、洋蔥、胡蘿蔔、檸檬與橙皮各1片、馬郁蘭、百里香、白酒與清水、1小匙番紅花。用慢火熬1個小時。

熬湯的同時，將番茄切塊，與甜椒、1瓣大蒜、些許橄欖油一起下鍋煮，鍋子要用厚重的，用慢火煮到濃縮成番茄糊為止。

⓮馬郁蘭：marjoram，*Origanum maiorana*，或稱甜牛至，牛至屬。

將淡菜或鳥蛤清洗乾淨，加一點水用大火很快煮到開殼便取出；剝殼取肉，煮出的湯汁用紗布過濾。

高湯煮好之後，濾出湯渣，將湯倒回鍋裡，重新加熱燒滾之後，放米下去改用慢火煮15分鐘；然後將濾過的番茄糊加到湯裡；加入切粒的小龍蝦肉、整隻斑節蝦，還有煮淡菜或鳥蛤的湯汁。全部一起煮上5分鐘左右，這時湯應該頗稠且呈現羹狀。等到湯煮滾準備要端上桌之前，加1大把新鮮歐芹、羅勒或茴香，淡菜或鳥蛤，1中匙刨碎的檸檬皮，1小瓣搗爛的蒜泥。再煮1分鐘湯就好了。最後加的這些香料、檸檬皮以及大蒜會使湯特別有新鮮風味。

*

白魚湯

White fish soup

*

2磅（1公斤）任何一種肉質結實的白魚⓯，1個鱈魚頭，1根蒜苗，芹菜、大蒜、歐芹，3大匙番茄糊，1玻璃杯（180毫升）白酒，1杯牛奶，幾根茴香細莖，檸檬皮，麵粉。

將魚和蔬菜放到煮鍋裡，加水淹過它們。魚煮熟之後，小心取出，去掉魚骨魚刺，將魚肉切成大塊後先放在一旁。繼續再煮這高

⓯白魚： white fish ：長得很像鯡魚的淡水魚類，種類及變種包括胡丁魚、波瓦魚、白鮭以及六帶白首魚。

湯約20分鐘左右，濾掉湯渣，濾過的湯倒回鍋裡。加白酒、番茄糊；等到湯燒滾之後改用慢火，將2大匙麵粉加到1杯牛奶裡調勻，再用濾篩過濾注入湯中勾芡。

湯勾芡之後煮得很勻（而且不應該是很稠的）時，將煮好切塊的魚加到鍋裡，並加1大把略微切碎的歐芹、茴香、檸檬皮。每個湯盤盛湯時至少都可分配到1大塊魚肉。用烤過的法國麵包片來配湯一起吃。

*

淡菜湯

Soup aux moules

*

2品脫（1.2公升）淡菜，1個小洋蔥，1根芹菜，1瓣大蒜，1玻璃杯（180毫升）白酒，適量歐芹、檸檬，2個雞蛋。

按照做「洋蔥淡菜」（見92頁）方法煮淡菜。煮到開殼之後，去殼取肉，放在一旁待用。將煮過淡菜的湯水用紗布過濾（淡菜不管清洗得多乾淨，殼裡總還是會帶有一點沙或砂礫的）。

把湯燒熱，剝出的淡菜放回湯裡，加1把歐芹末再煮2分鐘。去殼之後的淡菜重煮的時間愈短愈好。2個雞蛋打到大碗裡加點檸檬汁一起打勻，加一點淡菜湯到蛋汁裡調勻，然後倒回湯裡，邊倒邊攪，直到湯燒熱但不要燒到滾。

*

番茄甲殼海鮮湯

Tomato and shellfish soup

*

在地中海國家裡，很多湯的典型做法就是這種。有時會加法國四季豆或馬鈴薯丁。

1磅（500公克）洋蔥，2磅（1公斤）番茄，約2盎司（60毫升）橄欖油，適量香料和調味品，大蒜，1湯碗分量的煮熟甲殼海鮮(隨便哪種都行；淡菜、斑節蝦、蛤蜊或挪威龍蝦)，1盎司（30公克）義大利線麵，適量歐芹。

在厚重型的鍋裡放橄欖油，油燒熱之後放洋蔥絲下去，用慢火炒到變軟呈現金黃色，加入切成小塊的番茄，適量鹽、胡椒、香料、1~2瓣大蒜，用慢火煮到番茄軟化為止。

這時加入2½品脫（1.5公升）的水或者是煮甲殼海鮮的湯汁。用慢火煮20~30分鐘之後，用漏篩濾掉湯渣。

把濾淨的湯倒回鍋裡，燒滾之後，將義大利線麵掐斷成很小段，連同備好的去殼海鮮一起放到湯裡煮，5分鐘內湯就煮好了。端上桌之前加入歐芹末。

⓰紅辣椒：Cayenne Pepper，原產於法屬圭亞拿的Cayenne地區，故由此得名。即現在最普遍常見的紅辣椒。

*

埃及錦葵香葉湯

Melokhia

*

這是道阿拉伯人很喜愛的濃羹，尤其在埃及更是。這種香葉屬於錦葵的一種（希臘稱之為malakhe，拉丁文則是malva）。

1磅（500公克）綠香葉，3玻璃杯（540毫升）兔肉高湯，幾瓣大蒜，1大匙芫荽籽，適量鹽，辣椒粉或紅辣椒⓰。

將香葉洗淨瀝乾，只用綠葉部分，將之切成碎末——這過程是用稱之為「makhrat」的雙柄彎月刀來切⓱。芫荽籽和大蒜一同搗爛，高湯放到鍋裡燒滾後，將搗爛的混合料放½分量到湯裡，然後加入切碎的香葉，邊煮邊攪，大約1~2分鐘，之後便把整個鍋子從火上挪開。將其餘½搗爛的芫荽籽與大蒜用肥油炒香後，加到香葉羹裡，並放辣椒粉或紅辣椒，不用蓋鍋，用慢火再煮幾分鐘即成。這湯用湯盤上菜，配以另一盤跟兔肉或雞肉一起煮熟的飯。

⓱原注：法文稱之「hâchoir」（鍘刀），義大利文稱「mezzaluna」（半月形刀）。如今在幾家很不錯的廚房用品店裡可以買到這工具（Willaim Page, Shaftesbury Avenue, Staines of Victoria Street，Cadec, 27 Greek Street, Soho 等地方）。一旦用上之後，就很難想像少了它怎麼辦。

譯按：如果用的是中國菜刀，可以不必購置這工具，只需將菜刀橫拿，一手握刀柄，另一手捏住刀背另一端，兩手輪流起落，使刀鋒左右轉換重心來切碎即可。因作者所提的該種彎月形鍘刀便是如此發揮功能。

*

冰黃瓜凍湯

Iced cucumber jelly soup

*

用刨刀把2大條黃瓜刨成碎黃瓜絲，半個小洋蔥刨碎加到黃瓜裡，並加檸檬汁、適量鹽、胡椒、薄荷末。加入溶解的花色肉凍（見226頁）約½品脫（300毫升）攪勻，然後等它凝結成凍。每杯凍湯裡放幾隻斑節蝦作為點綴。

*

西班牙蔬菜冷湯

Gaspacho

*

西班牙蔬菜冷湯是道很盛行的冷湯，戈蒂埃[18]於一八四〇年到西班牙旅行之後，曾經很不屑地描述過這湯；他就像所有典型法國人一樣，對於異國飲食抱持懷疑態度。

「晚飯是最簡單的那種；客棧裡所有伙計和女僕都跑去跳舞了，本人就只能乖乖吃個蔬菜冷湯。這種冷湯實在值得大書特書，而且筆者還會寫出做法，看了足以讓已故的布里亞—薩瓦蘭毛骨悚然。首

---

[18]戈蒂埃：Theophile Gautier，1811~1872，法國詩人、小說家、評論家。

[19]安達魯西亞：Andalusia，西班牙南部地區。

先在一個大湯盅裡倒些水，然後在水裡加點醋、幾瓣大蒜、一些洋蔥塊、黃瓜片、幾塊甜椒、一點鹽；然後切點麵包浸著這盅東西冷食。要是在老家的話，隨便哪種狗都不會把鼻子湊到這麼將就湊合的東西裡。然而這湯卻是安達魯西亞⑲人的最愛，而且最漂亮的女人見了這要命的湯也不會退避三舍，一晚可以喝上好幾大碗。蔬菜冷湯被視為極其清新提神，我認為這看法未免輕率，然而，乍嘗之下覺得這湯很怪異，但是到後來也就喝慣了，甚至還挺喜歡的。幸好筆者還有一瓶絕佳的無甜味瑪拉加⑳白酒以為補償，就著酒把這粗劣的一頓飯吃完了，還把湯喝個一乾二淨，這才恢復了體力，因為之前在熱窯般氣溫下，在難以形容的路況中趕了九個小時路程，真的是筋疲力盡。」㉑

現代做法的蔬菜冷湯跟戈蒂埃所形容的「要命的湯」很不一樣。湯底為剁碎的番茄、橄欖油和大蒜，此外或許還會加黃瓜、黑橄欖、生洋蔥、紅甜椒、香草、雞蛋還有麵包等。以下做法的蔬菜冷湯好吃又清新怡神。

將1磅（500公克）生番茄去皮剁碎成如番茄糊狀㉒。加幾粒黃瓜丁、2瓣大蒜末、2條蔥的蔥末、十幾顆去核黑橄欖、幾條青椒絲、

---

⑳瑪拉加：Malaga，西班牙南部城市。

㉑原注：請參見《西班牙之旅》（*Un Voyage en Espagne*），Catherine Alison Phillips譯，Alfred A. Knopf出版，英譯書名爲《A Romantic in Spain》。

㉒譯按：現在很多人做蔬菜冷湯皆用電動攪拌機來打番茄糊。

3大匙橄欖油、1大匙葡萄酒醋、適量鹽、胡椒，一點點辣椒粉，些許新鮮的馬郁蘭末、薄荷末或歐芹末，攪勻之後，把湯冰起來，要吃時才拿出來，這時加½品脫（300毫升）冰水將湯調稀，加幾顆粗的黑麵包丁，然後在大湯碗裡放些碎冰。2個煮得很老的雞蛋切碎之後，用來加到湯裡也是另一種很棒的配湯方法。有時候也可見到的吃法是另加一系列蔬菜如黄瓜、橄欖、甜椒、洋蔥等，全部切成碎末，分別裝在小碟裡，還有麵包，在吃的時候自己加，而不是一早就把這些都加到湯裡混好。

吃蔬菜冷湯有時是分盛在大湯杯裡，有時是用湯盤來盛湯。

*

冰凍番茄雞肉清湯

Iced chicken and tomato consommé

*

熬1品脫（600毫升）的雞肉清湯需要的材料為4品脫（150毫升）新鮮（或罐裝）番茄汁，跟2瓣大蒜、2顆方糖、適量鹽、胡椒、羅勒一起煮5分鐘之後，用漏篩濾掉湯渣，然後加入清燉雞湯和1玻璃杯（180毫升）白酒，重新燒熱之後使之冷卻並放到冰箱裡即成。

＊

冷凍甜菜根湯

Iced beetroot soup

＊

4個大甜菜根用烤箱烤熟，完全按照烤帶皮馬鈴薯的方法去烤，大約要烤2~3小時，但烤出來的味道非常好，跟蔬菜水果店所出售的失色煮熟甜菜根完全兩樣。烤好的甜菜根去皮之後刨碎加到約2品脫（1.2公升）的肉凍（見226頁）汁裡，加點醋以及調味品，然後用慢火熱10分鐘，之後用漏篩濾過。濾出的湯汁應該呈鮮明而清的紅色，將之倒入大碗裡等它凝結成凍。吃的時候，先在每個淺湯碗裡放一個冷卻的水煮荷包蛋，然後再用匙羹舀出肉凍甜菜根堆到蛋上。凍湯不宜盛在果凍碗裡，否則看起來會像是給小孩吃的果凍。

＊

俄羅斯冷湯

Okrochka

＊

俄羅斯冷湯有很多不同做法，而且可以用不同的魚、魚和肉混合，或乾脆只用冷的熟雞肉塊來做。必需的材料則是新鮮黃瓜和醃黃瓜，還有茴香，這些讓這道湯產生了獨特風味。

我在雅典的俄國俱樂部吃過很多次俄羅斯冷湯，他們的做法是把「kwass」㉓和優格分別端上桌。以下這個做法應該在英國也頗容易做到。這道湯很飽肚子，所以分盛的分量很少就夠了，最宜在熱天晚上作為醒神的第一道菜。

1杯新鮮黃瓜丁，½杯法蘭克福香腸丁或煮熟的冷雞肉丁，½杯煮熟的蝦子或龍蝦，青蔥的綠葉末、茴香葉末、醃黃瓜末、歐芹末各2大匙，2個煮得很老的雞蛋，¼品脫（150毫升）優格，1杯牛奶，適量鹽以及新鮮磨出的黑胡椒。

將牛奶混入優格調稀，然後除了2個雞蛋之外，其他所有材料全部加入其中，至少冰2小時，分盛好之後，在每杯湯裡放一兩塊冰塊和一點切碎的雞蛋，然後再撒上一些歐芹末。

*

冰凍甜椒湯

Iced pimento soup

*

西班牙紅甜椒罐頭（最好是烤過的甜椒）1個，將½分量的甜椒壓成糊狀，加上2倍分量的番茄汁一起煮幾分鐘。另½分量的甜椒切條加到湯裡之後冰起來即成。如果用新鮮紅甜椒，就先放在火上烤過，然後去皮去籽，搗爛之後跟番茄混合。可以用生的紅甜椒切絲來點綴這道湯。

㉓原注：俄國風味的發酵麥芽汁。（譯按：亦有人稱之為「俄羅斯啤酒」。）

雞蛋和午餐菜式

亨利・詹姆斯❶於布禾❷的便餐

有口福的柏黑斯人無疑是性情和善的百姓。我說他們有口福是根據一般以及獨特情況而言。這個地區有最香噴噴又可口的風味，而我也找到機會驗證它的名不虛傳。我從那座教堂（順便一提，其實沒什麼看頭）走回鎮上，由於響起了午食鐘聲，因此便趨步走進了客棧。客棧包飯已經開飯了，和藹、忙得團團轉、多話的客棧老闆娘招呼我就座。我吃了一頓極佳的飯——能吃到的最好的一頓——內容就只是煮熟雞蛋、麵包和牛油。但就是如此簡單食材的質量令人難忘；雞蛋好吃得很，我很難爲情地說，我吃了很多個。法國諺語說：「世上最漂亮的姑娘，自然就散發出她的美。」因此或許一個雞蛋能夠以最新鮮狀態呈現的話，也就理所當然發揮極致了。但也可以這麼說，這些布禾雞蛋也有個盛期時機，彷彿那些母雞存心就要拿捏準時機下了蛋好讓人馬上可以吃到。「咱們這兒是柏黑斯，這兒的牛油可是不錯的。」客棧老闆娘一邊把牛油擺在我面前，一邊以冷冰冰賣弄風情似的口吻說。這牛油簡直如詩，我吃了一兩磅下去；吃完離去時感覺奇特，自覺像個晚期的歌德雕像兼塗

---

❶亨利・詹姆斯：Henry James，1843~1916，美國小說家、評論家、晚年入英籍。

❷布禾—翁—柏黑斯：Bourg-en-Bresse，法國中部城鎮，以雞爲著名美食。

了厚牛油的麵包片混合物。

——亨利．詹姆斯，《法國的小旅行》

*

煎鹹蛋卷

Savoury omelette

*

雞蛋料理以及煎蛋卷是最理想的簡餐。在這方面，人人都各有其所好的食譜，因此我只列出幾道。

講到煎蛋卷，我無法不引述衛文❸在這個主題上讓人很佩服的整個觀點看法。

「這道煎蛋卷做法跟通常所見到的那些教法很不同，這道可說是小康之家掌廚者的做法，而非餐廳大廚的做法。後者方式做出來的煎蛋卷看起來很悅目，往往也用很多巧妙手法來點綴，譬如加上油亮的濃肉汁，環飾以馬鈴薯泥等等。在我心目中，煎蛋卷要是做得這麼漂亮，準保中看不中吃，一定還沒有路邊小店或小酒館所做的來得好吃。

「煎蛋卷根本就用不著非得要形狀捲得一絲不苟才行。要是煎得快而俐落的話，蛋應該是嫩到無法固定出形狀，因此盛到盤子裡時多

---

❸衛文：Wyvern，AR Kenney-Herbert上校的筆名，1869年出版Wyvern's Indian Cookery Book，專題探討英印時代在印度的英國人飲食之因應轉變。

少都會有點散開，因為蛋質很嫩的緣故。教你煎蛋卷時要先翻轉一面，將之鏟起折過去，煎到一面焦黃，再煎5分鐘左右等等，像這樣的食譜你都別信。要是你照做的話，到頭來最了不得就是煎出看來形狀分明的雞蛋布丁。

「用6個雞蛋做一份煎蛋卷，一手持錶計時，照我的『就蛋煎蛋』方法來做，從蛋汁倒下鍋到煎好盛到盤子裡，需時45秒而已。

「雖然有些人認為加鮮奶油可以讓煎蛋卷味道更好，我倒不推薦。加牛奶就更是個錯誤之舉，因為牛奶會使得煎蛋卷老硬。我倒是招認，我是無論做哪一種煎鹹蛋卷都喜歡放一點蔥花；但是純屬個人口味。要加歐芹末的話，歐芹末需先放鹽和胡椒調好味。根據我做煎蛋卷的步驟，我歸納出以下需注意的通則：

一、蛋汁要混合得很均勻，但切勿「打」蛋，而且用蛋分量絕對不要超過6個，還要去掉其中2個的蛋白不用。

二、用6個蛋做成兩份煎蛋卷，比用12個蛋做成1份要來得好。如果容器裝得太滿的話，是**不可能**做好煎蛋卷的。如果用4個蛋來做的話，就去掉1個蛋白。

三、用3個蛋混合來做的大小分量正好，初學者最宜由此開始做起。

四、要用個適當的容器來做，最好是頗淺身、有窄而斜的邊緣；直徑12吋（30公分）耐高溫的陶鍋是最好用的；但用時要確保鍋子乾淨而且乾燥。

五、用來煎蛋卷的牛油不要放過量，只要4吋（0.6公分）見方大小就夠了。

六 、在倒下混好的蛋汁之前，要確定鍋子燒得夠熱了；如果鍋子不夠熱的話，煎蛋卷就會煎到老硬，又或者你得要在鍋裡翻炒，結果做出來的反倒像炒蛋了（oeufs brouillés）。

七、牛油在鍋裡燒到不再發出冒泡似的嘶嘶聲，而且轉為有點棕色時，就表示鍋裡水氣都已燒乾，可以煎蛋了。

八、把混好的蛋汁倒進鍋裡，讓蛋汁可以在油潤的鍋裡均勻四散，並馬上將凝結的蛋皮掀開，讓尚未凝結的蛋汁流到凝結蛋皮底下接觸鍋面；如果鍋內蛋汁很滿的話，就重複這樣做2~3次，持鍋柄的左手則不停徐徐持鍋左右一高一低轉動，讓鍋內蛋汁盡快四散凝結，最後再用力前後搖晃鍋子，使得蛋卷在鍋內滑動一下，然後趁蛋卷表層的蛋汁**尚未**完全凝固，把蛋倒進熱盤子裡。

九、如果用我前面建議的斜鍋邊的鍋子，那麼只需用支匙羹稍微鏟動幾下，可謂易如反掌就捲成了蛋卷，於是原本在表層尚未完全凝結的部分就捲進了蛋卷中心；根本不需要怎麼「摺疊」它。

十、45秒對這整個煎蛋過程而言，時間已經很充裕，先決條件是蛋汁混合料倒下鍋時，鍋子一定要燒熱，適合煎蛋卷，而且從頭到尾熱度一樣。

十一、把事先加熱的盤子放在鍋邊，一煎好就可以馬上把蛋倒入盤中。融化一點牛油，混以歐芹末和蔥花，加到盤裡會更好。

十二、所有必須事項之中，首要是在煎蛋卷時鍋底的火要夠猛。中等大小的煤氣爐就很適合用來煎蛋卷。利用一個強力酒精燈也可以把3個蛋小分量的煎蛋卷煎得很好。一般廚房的火爐是不宜用來煎蛋卷的❹，除非是可以用燃燒的煤生出旺火，燒得跟輕便煤氣灶一樣熱。

「煎好的蛋卷放在盤子裡時，可不會看起來像個長枕似的；而是會呈現很自然、有點扁掉、不規則狀的橢圓形，色偏金黃，上有點點綠色，且蛋卷下層還溢出了多汁的部分。」❺

Kenney-Herbert上校所說的「直徑12吋的耐高溫陶鍋」如今恐怕找不到了，但還是有很多取代品可用，甚至有厚重型的煎蛋卷平底鐵鍋，雖然用起來挺費力的，但是卻可以在英國買到。

禮儀

人情複雜的圈子裡，連請人吃一碟雞蛋料理都扯到人情分寸，講到這裡，我就忍不住要引述斯泰因❻筆下提到的一個法國廚子所發表的一點也不含糊的意見。

---

❹譯按：此爲十九世紀時的作品，當時一般廚房的火爐與今日大不相同。

❺原注：摘自A. Kenney-Herbert上校的《五十種便餐》。

❻斯泰因：Gertrude Stein，1874~1946，美國前衛派女作家，是行爲古怪而且特立獨行的天才。她的沙龍裡的名人頗衆。

「做晚餐的是艾蘭。我得講點關於艾蘭的事。

「艾蘭已經跟斯泰因以及其兄在一起三年了，她是那種很令人讚賞的女傭，換句話說，各方面都表現很好的女傭，是很替雇主打算也會爲自己設想的好廚子，堅信每樣買得到的東西都太貴了。『喔！這可眞貴！』不管問買到什麼，她的回答都是如此。她一點東西都不浪費，而且家用固定維持每天八法郎；她甚至還想把客人來吃飯的加菜金都算在這八法郎裡，這是她的自豪之處，但是當然難以做到，因爲不僅事關家裡的面子，也爲了要讓雇主滿意，所以她總得要讓每個人都吃飽才行。她是個非常優秀的廚娘，酥芙蕾❼做得很好。在當年那些日子裡，上門來作客吃飯的多少都是日子過得朝不保夕的；雖說不會眞的餓死，總是有人會伸出援手，可是大多數的確不是手頭寬裕的。大約四年前，那時我們都已開始出名了，還是布拉克❽先說起的，他嘆口氣微笑著說：『想想日子變化有多大呀！現在我們大家都有廚子，而且這些廚子全都會做很棒的酥芙蕾。』

「艾蘭倒有自己的成見；舉例來說，她就不喜歡馬蒂斯❾。她說一個法國人不應該在讓人毫無準備的情況下留下來吃飯，尤其還先問傭人晚飯有什麼

---

❼酥芙蕾：soufflé，或譯「蛋白酥」，此字乃法文「鼓起、膨脹」之意，藉蛋白打成泡沫之後「發」起來的料理，有甜有鹹，有冷有熱的吃法。熱時通常加入濃牛奶之後焗成；冷食則加入膠質冰凍而成。

❽布拉克：George Braque，1882~1963，法國畫家，立體主義畫派代表之一，曾參加野獸派繪畫運動，後又創立拼貼畫。

❾馬蒂斯：Henri Matisse，1869~1954，法國畫家、雕刻家和版畫家，野獸派領袖。

菜。她說外國人在這方面反而非常有分寸，然而法國人就沒有，馬蒂斯有一次就這樣沒分寸。所以只要斯泰因小姐跟她說：『馬蒂斯先生今晚留在這裡吃飯。』她就會說，『既然這樣，那我就不煎蛋卷了，就只煎幾個荷包蛋。用的蛋數量是一樣，煎蛋牛油分量也一樣，不過就沒那麼敬客，他心裡會有數的。』」❿

*

洋蔥雞蛋塔

Tarte à l'oignon et aux oeufs

*

7盎司（210公克）麵粉，2盎司（60公克）牛油，1½盎司（45公克）豬油，¼平底玻璃杯（45毫升）的水，適量鹽。

將上述材料做成油酥麵團，然後鋪在塗了牛油果餡餅烤盤裡。

準備好下列餅餡：

用燒滾的鹽水煮1½磅（750公克）洋蔥，煮到成洋蔥糊狀為止，然後加入1大杯相當稠的貝夏梅白醬汁（見291頁）。

把這餡料攤在還沒烤的餅皮上，並在洋蔥餡料上交錯擺上切成條狀的餅皮，然後烤45分鐘。

吃的時候在餅上加水煮荷包蛋。

---

❿原注：引述自斯泰因所著《The Autobiography of Alice B. Toklas》。

*

雞蛋蔬菜雜燴

Ratatouille aux oeufs

*

1磅（500公克）馬鈴薯，¾磅（375公克）洋蔥，2瓣大蒜，3條小筍瓜，3個番茄，3個青椒，雞蛋，橄欖油，豬油。

洗淨所有蔬菜並將之切成環形或圓形。在厚重的炒鍋裡放2玻璃杯（90毫升）橄欖油與2大匙豬油；放下所有蔬菜去炒，並加鹽和胡椒調味，蓋上鍋用慢火煮45分鐘，再開鍋不加鍋蓋煮30分鐘。

煮好後放到盤子裡上菜，並在分盛到每人餐盤裡之後，在上面加個煎荷包蛋。

*

洋蔥紅酒煮蛋

Oeufs en matelote

*

½品脫（300毫升）紅酒加香料、洋蔥、大蒜、鹽和胡椒去煮，燒滾3分鐘後取出香料。用這加料紅酒來煮6個水煮荷包蛋。炸過的麵包片用大蒜片擦過，把水煮蛋放在這些麵包片上。然後用大火將煮蛋的紅酒汁很快燒到水分減少，加入牛油和麵粉煮成稠汁淋在蛋上。

*

突尼西亞蛋料理

Chatchouka

*

這是道突尼西亞⓫料理。

6個小的青椒，8個番茄，4個雞蛋，牛油或橄欖油。

青椒去核心去籽切絲。在淺身陶皿⓬裡放一點橄欖油或牛油，燒熱之後先放青椒煮至半熟，再把番茄整個加到鍋裡，不用切。加適量鹽和胡椒調味。番茄煮軟之後，把蛋整個打到陶皿裡，蓋上鍋蓋煮到蛋熟為止。煮好之後整個陶皿端上桌。有時做這料理也加一點切碎的雞肉或牛肉跟青椒一起煮，有時加洋蔥，有時是個別用煮蛋陶皿一份份煮出來。

*

西班牙焗蛋料理

Huevos al plato a la barcino

*

這是道西班牙菜。

⓫突尼西亞：Tunisia，北非國家。

⓬譯按：地中海區許多地方都有各種陶皿，可以直接在火上烹飪然後端上桌，形狀不完全像鍋子，而更近似擺在桌上進餐用的大陶盆。

6個雞蛋，¼磅（125公克）豬腿肉，2盎司（60公克）火腿，2盎司（60公克）牛油，½磅（250公克）番茄，1盎司（30公克）麵粉，1個洋蔥，高湯少許。

洋蔥、火腿、豬肉全部切絲；用牛油炒軟；炒至轉為金黃色時加入麵粉炒勻，再加入切碎番茄以及約¼品脫（150毫升）高湯。用慢火煮這醬料約20分鐘，煮到轉稠時，加鹽和胡椒調味。把這醬料倒進耐熱的盤子裡，再把蛋打到盤中，然後放到烤箱裡，烤到蛋白凝固為止。

*

布侯秋煎蛋餅

Omelette au Brocciu

*

布侯秋是科西嘉島乳酪⓭，用羊奶製成，為科西嘉料理帶來很獨特的鹹味風格。

把蛋和布侯秋乳酪一起打勻，加上切碎的野薄荷，然後煎成蛋餅狀。

⓭譯按：此種乳酪通常是新鮮、凝乳狀的乳酪，但也有做成凝塊乳酪的。此處作者雖未言明是哪一種，但應該是指凝乳狀的布侯秋。

*

淡菜煎蛋卷

Omelette aux moules

*

用橄欖油將洋蔥炒到略呈黃色，加大蒜、歐芹和一點白酒煮成佐料。把煮好去殼的淡菜加到鍋裡，煮到恰到好處時加到煎蛋卷上，吃的時候還可以加一點番茄醬汁。

*

碎肉千層茄

Mousaká

*

這道菜在整個巴爾幹半島、土耳其以及中東都可見到。以下做法是希臘版本。

先煮個蛋糊，用2個打好的蛋黃加上½品脫（300毫升）牛奶、適量鹽和胡椒，用慢火煮成羹狀的蛋糊，放在一邊待涼。

1磅（500公克）熟牛肉或羊肉剁成碎肉。3個大洋蔥切絲用橄欖油炒到略帶焦黃。3~4個茄子⓮，不用去皮，切成大片，用燒熱的橄欖油煎過。

⓮譯按：做這道菜要用圓形大茄子，細長條狀的茄子不適合。

在一個深的四方或長方蛋糕烤模⓯裡塗些橄欖油，然後在底層鋪上茄片；茄片上鋪一層碎肉，一層煎好的洋蔥。按這次序重複鋪到材料用完為止。然後加入肉高湯與番茄醬汁各2杯，最後倒入煮好的蛋糊蓋住表層，將烤模放進烤箱去烤，溫度調在煤氣爐4檔（約170℃／325℉），烤1個小時左右。烤好時，蛋糊應該在千層茄上形成脆皮狀，而且呈金黃焦棕色。通常都是吃熱的，但是冷食也很好吃。重新加熱也照樣好吃。

*

番茄塔

Tarte aux tomates

*

先做酥油麵團，材料是½磅（250公克）麵粉，¼磅（125公克）牛油，1個雞蛋，少許鹽。

在一個淺身烤模盤裡鋪好酥油餅皮。在很稠的貝夏梅白醬汁（見291頁）裡加2大匙濃縮番茄糊調好，倒入餅皮裡，然後放幾顆去核的黑橄欖，以及切碎、用牛油煎2~3分鐘的雞肝。再鋪上一層番茄，番茄先對切，用火烤2分鐘。把這烤盤放進烤箱用中溫烤到酥皮烤好為止。

⓯原注：這道食譜所列出的分量可以裝滿一個長寬各6½吋、高2吋（15公分X5公分）的四方烤模。

*

煎甜椒小牛肝片

Scaloppine of calf's liver with pimentos

*

1磅（500公克）小牛肝，切成薄片，4個紅色甜椒，1小酒杯（30~45毫升）白酒，適量檸檬汁、鹽、胡椒，少許麵粉，橄欖油。

先用火烤甜椒並不時翻轉甜椒，直到表皮烤成轉黑。甜椒烤熟之後，搓掉甜椒皮，去掉蒂核與籽，用很冷的水洗淨之後切成長條。

切片小牛肝加鹽、胡椒、檸檬汁調味，撒上一點麵粉。炒鍋裡放½咖啡杯量的橄欖油燒熱之後，將小牛肝片放下去很快略煎一下兩面；倒下白酒（避開正燒得滾燙的油），讓酒煮滾，加入甜椒，用中火再煮5分鐘即可。

*

砵酒⑯煨牛腰

Rognons braisés au porto

*

這道菜最美妙之處在於松露的芬芳滲入了酒和牛腰裡，所以煮的

---

⑯砵酒：port wine，或譯爲「波爾圖酒」，「砵酒」爲港澳地區長久以來的稱法，乃葡萄牙北部所產的帶甜味深紅色葡萄酒，早期因爲由葡萄牙港市Oporto裝船外銷，故由港市得名而略稱爲「port」。

過程中一定要小心蓋住鍋子。

1磅（500公克）小牛腰切片。洋蔥切碎，跟小牛腰片放到鍋裡，加適量鹽、胡椒、1片檸檬皮、1片月桂葉，以及切片的松露。清水與酒分量各½加到鍋裡，淹過所煮材料。蓋上鍋蓋，用最小的火煮1個半小時。洋菇先用牛油煎過之後，加到鍋裡，然後加一點麵粉或是奶油把汁煮稠之後再煮10分鐘即可。

*

牛舌肉卷

Langue de boef en paupiettes

*

除掉牛舌粗糙部分：先將牛舌放在滾水中燙15分鐘，然後用砂鍋來煮，直到可以剝去表皮為止。牛舌冷透之後切成薄片，每1片放1層肉餡：用刀在打好的蛋汁中浸一下，抹在肉餡上使之結成一片，然後用牛舌片捲起肉餡，每個牛舌肉卷放1小片培根在上面，然後綁在一起或用串扦串在一起。做好的牛舌卷應該放在火前來烤熟，但也可以放在砂鍋裡用烤箱來烤。差不多烤熟時，在肉卷上撒些麵包粉，等到麵包粉烤成金黃焦棕色時就可端上桌了，可以配香辣醬汁（見299頁）一起吃。

*

普羅旺斯烤餅

Pissaladina or pissaladière

*

這是在馬賽、土倫（Toulon）以及法赫地區（Var）很受人喜愛的小吃，在早上的市場上以及烘焙店裡都可以買得到，新鮮熱辣從大鐵盤裡烤出來，切塊出售。

去烘焙店買個還沒烤成麵包的麵團，將之扯成餅皮。煮鍋裡先放一點橄欖油，分量可以淹過鍋底。2磅（1公斤）洋蔥切絲，不要炒到焦黃，而用慢火煮到化為洋蔥糊狀，需時40分鐘左右。將洋蔥糊倒在餅皮上攤好，放幾顆去核黑橄欖做點綴，然後交錯放幾條鯷魚肉。之後放進烤箱去烤。

如果無法買到現成麵團，還可以做成另一道很棒的料理，就是按照前述「洋蔥雞蛋塔」（見65頁）的做法做個油酥餅皮鋪在烤模裡，然後把洋蔥糊抹在餅皮上，或者用做三明治的土司麵包，縱切成厚片，先用橄欖油將麵包的一面煎一下，然後把洋蔥糊抹在煎過的這面上，再放到烤模裡，淋一點橄欖油之後，用烤箱烤10分鐘左右即可。

所用的橄欖油的味道就決定了這道料理的風味。

沿著蔚藍海岸來到義大利境內，這種用做麵包的麵團所做出來的料理就叫做「披薩」了，意思不過就是「派餅」而已，但做法可就千變萬化，最為人所知的是「拿波里披薩」，餡料包括番茄、鯷魚和莫札雷拉乳酪⓱（一種白色的水牛奶製成乳酪）。聖瑞摩⓲的本地披薩風味就很像普羅旺斯披薩，但是不用鯷魚點綴而是用醃沙丁魚；當地稱之為「Sardenara」（沙丁魚口味披薩）。

要是你可以跟家附近做麵包的烘焙店買到酵母的話，可以按照下列方法自己做披薩用的麵團：用一點溫水溶解近¼盎司（7.5公克）的酵母；在麵板上將¼磅（125公克）普通麵粉堆成一堆，從中央挖開成一洞，倒入溶解的酵母和1小匙鹽，然後把麵粉堆埋其上，將之混合在一起，加⅛品脫（7.5毫升）的水到麵粉裡，並揉成結實的麵團。用一手掌將麵團往外壓，另一手按住麵團。揉到麵團變得輕巧有彈性，便將它揉成一球，放在撒了麵粉的盤子裡，用沾了麵粉的布蓋住，放在溫暖的地方2~3小時，到時麵團應該發起來了，體積加倍。

要做普羅旺斯烤餅時，將麵團擀成圓麵餅或方麵餅（厚度大約¼吋〔0.6公分〕），在餅面上放洋蔥、黑橄欖、鯷魚，上述已經提到的準備材料，然後在熱度頗高的烤箱裡烤20~30分鐘。

⓱莫札雷拉乳酪：mozzarella，義大利產凝乳乳酪，原本用水牛乳製成，但現在一般都用乳牛乳，質地溫軟，為義大利麵食經常採用的食材之一。

⓲聖瑞摩：San Remo，義大利西北部城市。

*

鯷魚小吃

Anchoïade

*

這道普羅旺斯料理的做法有好幾種。

我所知道的一種（而且也像是最好的一種）做法，跟普羅旺斯烤餅做法差不多，只不過抹在生麵餅皮上的餡料不是用洋蔥做的，而改以用鯷魚、番茄混合的餡料，洋蔥和鯷魚先用橄欖油煮到半熟，並加以大蒜、羅勒調到味道很足，抹到餅皮上之後再放到烤箱烤熟。

以下就是赫布爾⑲的鯷魚小吃食譜。「將醃鯷魚放在水裡浸幾分鐘以便除掉鹹味，然後擺在盤子裡，加些橄欖油、少許胡椒、切碎的兩三瓣大蒜。你也可以加幾滴醋。從整個長形大麵包上縱切下厚約1吋（2.5公分）的麵包片，然後將麵包片再分切成小片，以便每位客人都可以有1片；在每片麵包上放些鯷魚，然後擺到餐盤裡。

再切一些麵包片，但切成四方形。每個人都用這四方麵包片分別蘸了餐盤裡備好的橄欖油鯷魚，再以這片麵包壓壓自己盤裡那片鯷魚麵包。等到鯷魚及橄欖油汁全部用完了，剩下的麵包片就放在火

---

⑲赫布爾：J.-B. Reboul，其作品《普羅旺斯廚娘》（*La cuisiniere provençale*）自1897年初版以來，就不斷再刷至今，為普羅旺斯食譜參考必備。

前烤。烤出來的是充滿獨特香味的小吃，足令每個普羅旺斯料理的**玩票者**開心半天，也成為很多美食家的賞心樂事。」

另外還有一個吃法是，把準備好的大蒜橄欖油鯷魚塗在烤麵包片上，然後放到烤箱裡去烤。

*

克侯茲鯷魚小吃

Anchoïade Croze⑳

*

麵包卷（roll）一切為二，夾以調好的鯷魚餡料，餡料用鹽水醃的鯷魚、杏仁或胡桃仁、無花果、洋蔥、大蒜、調味香草、龍艾、茴香籽、紅甜椒、橄欖油、檸檬以及橙花露混合做成；然後麵包卷放進烤箱烤好，吃時配黑橄欖。

*

菠菜雜燴羹

Épinards en bouillabaisse

*

2磅（1公斤）菠菜洗淨，用水煮約5分鐘，取出瀝乾並搾乾水分，

---

⑳原注：Austin de Croze。譯注：此君爲1920~1930年代著名美食家，有多種著作，並被譽爲「地方美食之父」。

切碎。

1個洋蔥切碎，用大口淺身鍋放3~4中匙橄欖油炒洋蔥，炒1~2分鐘之後加入菠菜，用慢火炒5分鐘，然後加入5~6個切成薄片的馬鈴薯；煮出來的效果有點澱粉感最好，如此材料就不會看來鬆散。

加適量鹽、胡椒、些許番紅花；倒入約1½品脫（900毫升）滾水，加2瓣切碎的大蒜、1根茴香，蓋上鍋用慢火滾到馬鈴薯熟透為止。這時打蛋到鍋裡，有幾個人吃就打幾個蛋，用慢火煮。

在每個人的盤裡先放一片麵包，然後小心用湯杓舀出一個蛋（應該像水煮荷包蛋）以及一份蔬菜放到麵包片上，再加一些湯羹到盤裡。

——摘自赫布爾《普羅旺斯廚娘》

*

土耳其千層酥

Burek

*

Burek是一種小酥皮點心，放了餡料，不是菠菜就是鮮凝乳乳酪和薄荷的混合。這種酥皮點心源於土耳其。所用的千層酥皮稱為「fila」，類似所謂的「千層酥」，擀得很薄。在希臘、土耳其和埃及都可以買到現成做好的餅皮，看起來薄如紙片。在倫敦可以買到這種千層酥皮的地方是「John and Pascalis」，地址是：Grafton Way,

Tottenham Court Road，還有「希臘食品店」(Hellenic Provision Stores)，地址是：25 Charotte Street。

做這千層酥的方法是將酥皮切成2吋（5公分）見方的四方塊，放1匙菠菜泥，或者放鮮奶油乳酪加1個蛋以及一點碎薄荷打成的餡料，要放在每片酥皮正中央，然後對折成三角形。之後放到熱油裡炸好後滴乾油。

*

希臘菠菜派

Spanakpittá

*

這是道希臘料理（也是土耳其料理），以跟土耳其千層酥一樣的酥皮做成的。

3盎司（90公克）千層酥皮，2磅（1公斤）菠菜，3盎司（90公克）牛油，¼磅（125公克）格律耶爾乳酪。

按照平時方法洗淨並煮好菠菜，並將菠菜水分擠得很乾。菠菜不用切得太碎，在鍋裡放1盎司（30公克）牛油，炒熱菠菜，加上充分調味品。方形蛋糕烤模1個，但不要太深的烤模。先在烤模裡塗上牛油。酥皮剪成烤模形狀，一小部分酥皮略微大塊些，然後在烤模底鋪上6層酥皮，每放一層酥皮之後，先在這酥皮上刷上融化的牛油，然後再放另一層酥皮。

放好6層酥皮之後，將準備好的菠菜鋪上去，再在菠菜上鋪一層格律耶爾乳酪。之後如前法鋪6層酥皮，同樣在每層酥皮之間刷上牛油，最上層酥皮也要刷上牛油，尤其要注意邊緣部分的牛油要刷得足夠，然後放進中溫烤箱裡烤30~40分鐘。取出先涼幾分鐘，然後倒在烤盤裡，再放回烤箱烤10分鐘左右，這樣酥餅的底部才會金黃酥脆。

還有大同小異的料理是用貝夏梅白醬汁雞肉或者乳酪來做餡料。

*

普羅旺斯田雞

Grenouilles Provençale

*

2磅（1公斤）田雞腿（中等大小），½磅（250公克）牛油，1大匙橄欖油，1大匙歐芹末，2瓣大蒜（切成蒜末），2杯牛奶，½杯麵粉，適量鹽以及磨出的胡椒，½個檸檬的汁，1小匙細香蔥末。

牛奶裡放鹽和胡椒調味，將田雞腿在牛奶中浸一下，然後滾上麵粉。燒熱2大匙牛油和1大匙橄欖油，放田雞腿下去煎炸到有點焦黃，大約12分鐘。將檸檬汁、歐芹、細香蔥、胡椒加到鍋裡，改用慢火，使之保溫。將其餘牛油燒熱成淺棕色，加入蒜末，然後趕快把這大蒜牛油倒在田雞腿上。吃的時候用檸檬片做點綴。

*

血腸豆泥

Boudin purée de pois

*

1½磅（750公克）血腸（boudin，這種血腸在法國南部總是加了大量洋蔥調味），在腸衣上戳刺一番，然後將血腸切成幾段放在火上烤。

豆泥做法是用½磅（250公克）乾的剖開豌豆仁加水去煮，並放1個洋蔥、1片月桂葉、適量鹽和胡椒，煮2½~3小時。煮好之後用漏篩榨壓成豆泥，有必要的話就加一點牛奶和1盎司（30公克）牛油調和。趁新鮮熱辣的時候吃。

*

希臘炸乳酪

Tiri tiganisméno

*

卡色麗乳酪（Kasséri，鹹硬的山羊奶乳酪）切成方塊用滾熱的油去炸，甚至不沾麵糊或麵包粉。

這道簡單的料理的確可以做得很好吃，但完全要靠乳酪的品質。也可以說，品質決定風味好壞，這個重點適用於所有希臘飲食。那些講究飲食的希臘人都很清楚哪裡出產最好的乳酪、橄欖、橄欖油、橙、無花果、蜜瓜、葡萄酒，甚至水（在一個經常缺水的國度裡，這沒什麼好奇怪的)，而且不惜大費周章去弄到手。

希臘人也非常慷慨好客，而且見到外國人很領情時，也非常自豪於見到來客能夠受到希臘所能提供的一切最好招待。

蝸牛

「有一次，兩位很固執的紳士在做很專精的討論，我正好也在場，他們爭執不下的是勃艮地和普羅旺斯蝸牛各具之優點。他們講的不是蝸牛做法孰者更勝，而是何者本味更佳。一個說勃艮地蝸牛肉質更細膩，因爲是用葡萄葉飼養的，另一個說普羅旺斯的蝸牛肉質才更細緻，因爲它們吃的是百里香和茴香。

「吵這些實在很荒唐，因爲不管蝸牛是用什麼飼養的，至少可以說根本吃不出來，因爲這些蝸牛在烹調以前都先餓了三、四十天，然後用醋和鹽清潔過，再用大量水沖洗過，之後用水煮上幾小時，還有什麼味道可言。

「那些醉心於（而且有理由）帶有酒香的勃艮地蝸牛者，還有那些沉醉（而且讓人忍不住極爲讚賞他們的態度）於普羅旺斯百里香和茴香蝸牛美味者，都忘了一點。他們忘了勃艮地蝸牛已經用一公升夏布利[21]煮了一小時，而普羅旺斯蝸牛也經過差不多的步驟，用鹽水加大把百里香和更大把的茴香煮過。照這情形，也很可以當作是選擇酒味或茴香味的口香糖了。

「所以說，蝸牛的做法才眞正是迎合個人偏好口味的重點，在美食觀點上，選擇哪一種蝸牛反而是其次。舉例來說，要是做很精緻的菜式，就寧取

---

[21]夏布利：Chablis，法國出產的一種上等白葡萄酒，濃郁芬芳，酒精含量較高，帶有酸味。

大個的勃艮地蝸牛，而不用灰色小蝸牛，因爲前者的殼較厚，用慢火將它們跟醬汁煮很長時間都不用擔心殼會煮裂。

「除此之外，也跟個人口味有關。兩種做法的蝸牛都很美味。可並不是說這兩種做法就是僅有的蝸牛做法，你一定記得吃蒜泥蛋黃醬（aïoli）是少不了蝸牛的。

「在法國南部可以見到的蝸牛食譜種類最多；例如，配以香辣醬汁、番茄醬汁、綠色冷醬汁（sauce verte froide）。在蒙貝利耶（Montpellier）還加硬果仁和搗碎的脆硬餅乾，然後跟大量各種蔬菜和香草一起剁碎，例如萵苣、苦苣、茴芹、芹菜、馬郁蘭、羅勒；其他地方的吃法也有只蘸醋的。隆格多克（Languedoc）普遍使用鵝油，因此蝸牛就用以下這種醬汁來煮：

「取相當分量的鵝油，1大片新鮮火腿切丁（隆格多克的主婦們聲稱每隻蝸牛都一定要分到自己的一份火腿），1個洋蔥切碎，還要一些蒜末和歐芹末。這幾樣下鍋炒到略黃時，加3~4大匙麵粉很快炒到轉爲金黃色。撒些鹽和胡椒之後再把其餘材料放下去，這些材料包括4~5顆丁香、一點磨出的肉豆蔻粉，一些杜松子葉，2片檸檬，以及足量番紅花，然後讓這鍋東西再煮幾分鐘。

「蝸牛如此美味，能住在鄉下地方的人眞是有幸，他們不僅有吃蝸牛的樂趣，還更錦上添花可以自己去撿蝸牛。沒有多少鄉下樂事比得上在春雨過後或夏天午後雷雨過後，跑到濕漉漉草叢裡去找肥厚飽滿的蝸牛。蝸牛爬過迎風搖擺的草葉，或者橫越過濕軟的黏土，彷彿出港的漁船，身後拖著銀色波浪。

「自己捉蝸牛煮來吃，就可體驗到獵人悄悄襲向獵物的喜悅，彷彿看見了燉蝸牛，也像釣魚者拋出釣線，心目中出現了水手魚㉒。」㉓

*

吃蝸牛蘸的大蒜牛油醬

Garlic butter for snails

（配50隻蝸牛的分量）

*

7盎司（210公克）牛油，1~2瓣大蒜，1把很新鮮的歐芹，適量鹽、胡椒，肉豆蔻少許。

歐芹切成末。大蒜用乳缽搗成蒜泥，除去碎渣，只留下蒜汁。牛油放到乳缽裡跟蒜泥細細研成渾然一體，然後加入歐芹末，同樣也要跟蒜泥牛油研成一體，之後就放少許鹽、胡椒和肉豆蔻。

有時候也會用1顆紅蔥頭和幾個洋菇，先用牛油煎1分鐘，然後和歐芹一起切碎加到蒜泥牛油裡一起研磨。

如今可以買到的那種罐裝蝸牛肉，蝸牛殼另外包裝出售，這種罐頭蝸牛味道也相當好。大蒜牛油才真的是決定因素。（這種牛油永遠要趁新鮮做好時吃掉，否則大蒜會很快使牛油變質，這也就是為

㉒水手魚：matelote，用洋蔥與酒煮的魚。

㉓原注：摘自Alin Laubreaux所著《快樂的狼獾》（*The Happy Glutton*），Naomi Walford翻譯。

什麼在熟食肉店裡買到現成鑲好大蒜牛油的蝸牛吃起來就是不大讓人滿意的原因。)

做這種罐頭蝸牛，先把蝸牛肉一個個塞到空的蝸牛殼裡，然後再用做好的大蒜牛油醬鑲在蝸牛殼口的肉上。鑲好之後，放到烤箱裡烤幾分鐘，烤的時候絕對不可以翻轉蝸牛殼，否則牛油會流出來。法國人有一種特製盤子專門用來放蝸牛，上面有一個個洞孔，每一個洞孔正好穩放一個蝸牛。要是你沒有這種特製盤子，可以用個金屬或瓷器的裝蛋盤子，用馬鈴薯泥鋪在其中的放蛋凹處，如此蝸牛便可穩放在上面。

放蝸牛的特製盤子、取蝸牛的鉗夾、從殼裡挑出蝸牛肉所用的小叉，這些相關用品可在Cadec夫人店裡買到，地址是：27 Greek Street, Soho, W1；如今很多迎合業餘烹飪愛好者的許多商店也都有售；其中幾家例如Habitat, 77-9 Fulham Road, SW3；Domus, 109 Clapham High Street, SW4；Woollands 位於Knightsbridge的廚房用品部，以及位於Regent Street的Liberty店。倫敦以外的地區則有劍橋Jesus Lane的Schofield店；Chester的Brown店；Guildford的Harvey店；愛丁堡的Doodie烹飪用品店，2 Upper Bow, Lawnmarket；以及Harold Hodgson店，Castle Street, Farnham, Surrey。

魚類

一頓威尼斯早餐

開始時先點一杯苦味苦艾酒（Vermouth Amaro）代替雞尾酒。餐前小菜是一些冷盤小螃蟹，跟韃靼醬汁❶搗在一起，加上一兩片義大利生火腿，切得薄如香菸紙。接著是一道熱氣蒸騰的海螯蝦義大利燴飯（這種螯蝦有點像大斑節蝦），還有幾塊肉排，做成波隆那風味，上面有一片火腿以及熱呼呼的巴爾瑪乾酪和刨碎的白色松露，這頓大餐末了是「威尼斯肝」（fegato alla veneziana），此外還有一塊倫巴底❷所產的strcchino❸乳酪。這頓豐盛大餐的菜式配上一瓶法波麗契酒❹再適合不過了，女士則來一杯上等香檳以及色如紅寶石的Alkermes利口酒，如若是尊夫人與您爲伴，準保皆大歡喜收場。

酒店老闆也會對你青眼有加，因爲發現您眞的懂得男子漢該怎麼吃早餐。

——摘自Nesnham-Davis中校與Algernon Bastard所著

《歐洲美食指南》（*The Gourmet's Guide to Europe*），一九〇三年

---

❶韃靼醬汁：tartare sauce，即蛋黃醬加入龍艾、酸豆、歐芹、醃黃瓜等等調味的蘸醬。

❷倫巴底：Lombardia，義大利西北部地區。

❸譯按：原文拼爲strachino，爲錯誤拼法。

❹法波麗契酒：Val Policella，義大利北部維內多區所產名釀。

甲殼類海鮮

*

炸海螯蝦

Fried scampi

*

先做炸蝦用的麵糊。4盎司（125公克）麵粉，3大匙橄欖油或融化的牛油，¾平底玻璃杯（135毫升）溫水，鹽少許，1個打好的蛋白。麵粉和牛油或橄欖油混合，徐徐加入溫水，保持麵糊均勻呈流質狀。在要用之前先做好，等到要用時才把蛋白打好加進麵糊裡。

把海螯蝦（即「挪威龍蝦」）的蝦身浸入麵糊，然後放到滾油裡炸熟。做出來的炸蝦可謂香脆無比。

把炸蝦放在盤子裡，點綴以歐芹和檸檬，喜歡的話，吃的時候另外配一碟韃靼醬汁，但其實不蘸醬就這樣吃最好。反正，做這道菜要用生蝦，只要切掉蝦頭切開蝦身，剝出蝦肉蘸上麵糊去炸就好。

*

扇貝／鮮干貝

Scallops or coquilles Saint-Jacques

*

儘管幾乎每本烹飪書都有指導扇貝烹飪法，我卻堅信扇貝不應該帶殼烹調；因爲帶殼用烤箱烤通常都會乾掉，而且不管烤得多好，總免不了令人想起差勁餐廳裡的東施效顰——通常想到剝落的鱈魚配上厚厚一層烤馬鈴薯泥。

*

奶油扇貝

Coquilles Saint-Jacques à la crème

*

（足夠2人份。）

4個扇貝，¼磅（125公克）洋菇，1小匙番茄糊，2個生蛋黃，2大匙雪利酒，1大杯奶油，2盎司（60公克）牛油，適量鹽、胡椒、檸檬汁、歐芹，2瓣大蒜。

把每個洗淨的扇貝一切為二，放在小鍋裡加牛油、鹽和胡椒煮，扇貝的紅色部分❺保留下來。用慢火煮10分鐘。

同時用另一個鍋放牛油去煎洋菇。之後把雪利酒、番茄糊以及煮

---

❺譯按：應指扇貝卵。

過的洋菇加到扇貝裡，然後攪入奶油以及打好的蛋黃汁，小心不要燒滾。這時把扇貝紅色部分放到鍋裡，煮2分鐘就好，加入大蒜末、歐芹末，以及一點檸檬汁。

吃的時候配以切成三角形的炸麵包。

*

普羅旺斯風味炸扇貝

Fried scallops à la Provençale

*

把白色扇貝肉橫切成兩個圓塊，加上鹽、胡椒和檸檬汁調味，撒上麵粉，用牛油炸幾分鐘，把煮熟的扇貝卵加到一起，撒點蒜末和歐芹末，吃時淋點牛油在上面。

*

洋蔥淡菜

Moules marinière

*

洋蔥淡菜的做法有好幾種，以下是其中三種。

3夸脫（3.6公升）淡菜，1個小洋蔥，1瓣大蒜，1小玻璃杯（30~45毫升）白酒，1小塊芹菜，歐芹。

將切碎的洋蔥、大蒜、芹菜放入一個大鍋裡，加上白酒以及1品脫（600毫升）左右的水，加胡椒但不要加鹽。放入洗淨的淡菜，蓋上鍋煮到淡菜殼張開為止。取出淡菜，保持熱度，用1盎司（30公克）牛油和½盎司（15公克）麵粉加到鍋裡將煮淡菜的洋蔥汁煮稠，淡菜放在大湯盅裡，把煮好的汁淋在淡菜上，撒上歐芹末，要趁很熱的時候吃。

吃時盛在湯盤裡，用叉子和湯匙吃。

另一個做法是先做好調味汁：先在鍋裡用牛油、麵粉、洋蔥末、芹菜末等以及白酒做一點白色的麵油糊（roux），然後加水，煮到成為像勾芡的湯時，放淡菜下去煮。煮到淡菜開殼就可以直接端上桌吃，這樣吃法的最大好處是：淡菜不會流失鮮味；因為通常煮兩次時淡菜味道會流失。絕對不要把這汁煮得太過濃稠，否則你吃到的等於是白汁淡菜了。

或許最常見的煮洋蔥淡菜的方法就是淡菜放到鍋裡，加白酒不加水，淡菜煮到開始張開殼時，就把切碎的歐芹、洋蔥或大蒜撒在淡菜上，煮到全部開殼就熄火端上桌吃。

吃洋蔥煮淡菜永遠要配以足量的法國麵包。

*

鑲淡菜

Stuffed mussels

*

這是馬賽的一個漁夫教我的做法，他在他的船上做淡菜給我吃，而且好吃得不得了。

餡料做法如下：1顆大萵苣，1個洋蔥，大蒜、歐芹，3盎司（90公克）熟肝或切碎的乾肉腸。

萵苣用水煮10分鐘，瀝乾水分，加上洋蔥、大蒜、歐芹和肉類一起切成碎末。用大的淡菜，把殼撬開，但不要讓兩邊殼脱開成兩半。塞1小匙餡料到殼裡，然後闔上殼馬上用細線綁好。把鑲好的淡菜放進加了1玻璃杯（180毫升）白酒的番茄醬汁裡用慢火煮20分鐘。將淡菜殼上細線除掉，加上煮汁趁熱吃。

以上列出的餡料分量足夠鑲18個大淡菜。

*

檸檬淡菜

Moules au citron

*

2盎司（60公克）胡蘿蔔，2盎司（60公克）牛油，½盎司（15公克）紅蔥頭，1大匙麵粉，4品脫（2.4公升）淡菜，2個檸檬，1紮綜合香草，鹽和胡椒。

洗淨淡菜。胡蘿蔔和紅蔥頭切碎，用一點牛油炒香，並加鹽、胡椒以及香草。加入檸檬汁，然後放淡菜，用大火煮，並不時搖動鍋子。煮到淡菜殼開了，就是煮熟了，取出淡菜保持住熱度。另外用一個鍋子放麵粉和½盎司（15公克）牛油下去炒到麵粉轉為金黃色，就把煮出的淡菜湯汁透過濾篩徐徐加入牛油麵粉中。再煮 1~2 分鐘，加入其餘的牛油，這個醬汁就煮好了。

棄掉半邊空殼，把有淡菜的半邊連殼堆在盤裡端上桌，醬汁則另外分開上。

*

淡菜義大利麵

Spaghetti with mussels

*

照洋蔥淡菜的做法來煮淡菜和綴錦蛤（小蛤蜊❻）。煮好去殼，把煮出的湯水加到正要煮義大利麵的滾水中，放麵下去煮，並放去核黑橄欖。麵煮好取出瀝乾水分，把剝掉殼的淡菜放到煮麵水中熱 1 分鐘，撈出倒在義大利麵上，撒上碎歐芹，吃時再撒刨碎的巴爾瑪乾酪。

*

龍蝦蘸西班牙紅辣醬

Lobster romesco

*

先做好下列這味醬。2 個番茄，2 根新鮮紅辣椒，幾瓣未去皮的大

---

❻原注：在英國可以用鳥蛤代替。譯注：綴錦蛤即淺蜊、蝴蝶瓜子蛤。

蒜，可以多到一個蒜頭的分量，全部用火烤或放在烤箱烤過。烤幾分鐘就好，不可烤焦。取出之後剝掉番茄皮和大蒜皮，這時它們應該相當軟，並去掉辣椒皮和籽。用乳缽將它們全部一起搗爛，加適量鹽和1中匙（平匙）紅圓辣椒粉❼（這是道西班牙食譜，在西班牙是用pimentón，也就是西班牙版本的紅圓辣椒粉）。這醬應該相當稠。這時再加4~5大匙橄欖油和一點醋調和，用濾篩過濾，其色應該鮮紅，質感頗細膩柔滑。

把紅辣醬和煮好的熱龍蝦或冷龍蝦放在碗裡端上桌，或者用來配其他你喜歡的任何魚類都可以。

*

烤龍蝦

Roast Lobsters

*

這道食譜是從一本名為《斯鵬家政手冊》❽的家庭食譜書中摘錄出來，此書出版於一八八〇年代。在此列出這道食譜並非真的當一

---

❼紅圓辣椒粉：paprika，用辣椒的果實製成的紅色調味品，16世紀後期已在匈牙利出現。辣椒粉含有糖分，含量隨品種而異；維生素C含量較柑橘類豐富。其色鮮豔，對無甜味的淺色食品是極好的飾菜。

❽《斯鵬家政手冊》：*Spon's Household Manual*，1887年於倫敦出版，內容以食譜與家政為主。

回事，只不過要讓讀者想見當年做法既可豪華奢侈又多少有點野蠻的情景。

「把一隻生的大龍蝦綁在長扦上，用大量細繩牢牢綁緊，接下來就會講這樣做的理由。把長扦綁在烤叉上，將龍蝦懸在烈火上烤，用香檳、牛油、胡椒和鹽抹在龍蝦上。過不久，龍蝦殼就會變軟而且用手指一捏就碎。等烤到肉脫殼了就是已經烤好了。取下龍蝦，把滴盤內的烤汁滴油撇出來，加上塞維亞橙❾的橙汁、胡椒、鹽，以及辛香料，然後放在很貴族氣派的盤子裡端上桌。」

*

香濃醬汁甲殼海鮮

Ragoût of shell fish

*

12隻煮熟海螯蝦（挪威龍蝦），3夸脫（3.6公升）淡菜，6個扇貝，¼磅（125公克）洋菇，½品脫（300毫升）白酒，1大匙濃縮番茄糊，1大匙麵粉，1個洋蔥，4瓣大蒜，調味品，香草，1中匙糖，1盎司（30公克）牛油，歐芹。

先把所有海螯蝦一剖為二，6條半邊蝦留著殼以為點綴，其他的都把殼剝掉取出蝦肉切成大塊。

---

❾塞維亞橙：Seville orange，產於西班牙南部塞維亞的酸橙，不宜當生食水果，一般都用來做果醬或烹飪用。

洋蔥切絲，用一個深鍋放牛油炒洋蔥絲到呈現金黃色為止，然後加入番茄糊、大蒜末、鹽、胡椒、糖和香草。用慢火煮5分鐘，攪入麵粉。煮稠了就淋入燒熱的白酒，再煮15~20分鐘之後，加入蝦肉以及切片洋菇。扇貝肉橫切成兩塊圓形，淡菜要洗得很乾淨，這兩樣都加到鍋裡去煮。把火調大些，煮到淡菜開殼為止。最後加入那些帶殼的半邊海螯蝦去煮。煮好之後倒入大湯盅或深盤裡，在上面擠一點檸檬汁，撒些歐芹末，分盛在湯盤裡趁熱吃。

黑色淡菜殼襯著淡紅蝦殼使這道菜看起來很悅目。也可以用小龍蝦來取代挪威龍蝦（海螯蝦），不過當然所需數量少很多，而且每隻可以切成4~6塊。

這道菜可以作為第一道菜，分量足夠4~6人份。

海水魚和淡水魚

尼斯海岸魚產

尼斯也擁有各種魚產；不過這些魚產被認爲遜於同類的海產魚就是了。鰨魚類以及一般的扁身魚類非常少，不過有一些鯔魚，烏魚和紅鯔都有。有時我們也見到魴魚，法文俗稱「Saint-Pierre」（聖彼得）；也有岩魚類、鰹魚類，還有鯖魚。角魚似乎很常見；也有相當多的大條牙鱈，吃起來還不錯，可是比不上我們海岸捕捉到的牙鱈來得細嫩。這地區所產的最好吃魚類之一，是一種叫做「海狼」的魚，重約兩、三磅；白色、結實、味道好。另一種也毫不遜色的是Moustel，大小跟海狼差不多；深灰色，粗鈍短吻；頭部以下開始魚身愈下愈扁薄，因此尾部有若鰻魚。這種魚應該跟mustela不是源出同類，後者應該是屬於七腮海鰻。此外亦可見到龍螽（vyvre，即weaver），脊鰭又尖又長，很容易刺傷漁夫手指。我們也見到大量烏賊，這地區的人用來燉成很好吃的料理；也有章魚，這眞是很醜的動物，有很長的觸鬚，像尾巴似的，經常以之纏住漁夫的腿。

章魚都拿來跟洋蔥一起燉，吃起來有點像牛蹄凍。市場上有時也賣海螯蝦，堪稱是沒有蝦鉗的龍蝦，肉頗鮮甜；並可買到少數岩蠔，非常小顆而且腥臭異常。有時漁夫也在水底發現硬如熟石膏的石化泥塊，附生有一種名爲「海棗子」的淡菜，因爲形狀像棗子故有此稱。這些石化泥塊通常呈三角形，每塊重達十二、三磅；裡面往往附生有十幾個這種淡菜，吃起來味道倒是沒有什麼特別與眾不同之處，然而最奇怪的是，這些幾乎硬如大理石的石塊裡面竟然長有活生生而多汁的淡菜，而且石塊看不出有通空氣或通水的地方。不過，我卻理所當然認定這密封般的石化塊其實是多孔能滲透的，讓周圍的液體濾過透到裡面。要取得石塊內部的淡菜，就得要用大鎚子敲石塊才行，老實說，這裡面的仁可眞不值得花功夫去敲破殼來取得❿。這地區的魚產之中還有一種醜極的鰻魚類，很易被人當成蛇；顏色暗黑，帶有黃色斑點，約十八吋長，或兩呎長。義大利人稱之爲murena；但是否就是古羅馬人所稱的同名之魚，我不敢說。古時候的murena列爲珍饈美味之一，而且養在池中，只有特殊場合才吃牠。凱撒大帝曾經爲了一次盛宴招待而借用了六千條，但我猜想那些其實是淡水七腮鰻。不過這地區的黑鰻可就沒那身價了，而且只有窮人才吃它。淡水鳌蝦和鱒魚則在山區的河流裡很罕見。旗魚在尼斯是上等魚，稱之爲「皇帝魚」，長約六、七呎；但我卻從來沒親眼目睹過⓫。這種魚很少有；而且一旦捕獲通常都先藏

---

❿原注：在義大利東岸的安科納（Ancona）和亞德里亞海其他地區都有大量這種淡菜，當地稱之爲Bollani，而我們所知的名稱則是Keysler。

⓫原注：自從我寫了上述文字之後，已經吃過幾次這種魚，其色白若最上等的小牛肉，而且肉質非常細嫩。旗魚總是跟鮪魚相提並論，也經常一起被捕獲。

起來，因爲魚頭屬於當地司令官，而且他還有特權用很低的價錢買最好的魚。因此，漁夫都先把最好的部分藏起來，偷運往皮埃蒙特⓬或熱那亞。不過這海岸的主要魚產是沙丁魚、鯷魚和鮪魚。一年到頭產量豐富；但春夏兩季尤其盛產。在六月和七月間，每天晚上八點鐘左右大約有五十艘漁船的船隊就出港捕魚，捕到的鯷魚量非常龐大。一艘小漁船有時一晚就捕獲二十五網，約重六百磅；可是得要注意的是，這裡的磅以及義大利其他地方的磅都一樣，是每磅只有十二盎司的。鯷魚除了是尼斯商業上的貨物大宗外，也是所有家庭很重要的食品來源。名門貴族與小康之家晚餐吃生菜和鯷魚，在日子拮据的時候則天天吃牠。沿岸的漁夫和水手除了乾麵包和幾條醃鯷魚之外，沒什麼其他食物可充飢；鯷魚吃完之後，就用後硬麵包皮把醃魚的濃鹽水也擦乾淨了吃下去。沒有什麼比橄欖油煎炸鯷魚更美味的了；比起泰晤士河所產的胡瓜魚，我更喜歡前者。我不用提沙丁魚和鯷魚都是用魚網捕捉的；鹽醃、裝桶，外銷到歐洲所有王國和國度去。不過，沙丁魚是在九月最肥大。有家冒商業風險的公司已經成爲鮪魚養殖業大王有六年之久了；那是專賣權，爲取得此權他們付出三千英鎊。他們花在魚網、漁船以及生產管理員上的費用相當可觀。撒網方式很奇特，橫越過聖歐斯皮斯小灣，這一帶是鮪魚主要出沒之處。他們從來不換魚網，只除了在冬季期

⓬皮埃蒙特：Piedmont，義大利西北部地區。

間，還有就是需要修補的時候；但這其中有渠道可以讓魚由一個範圍游到另一個範圍裡。總是有一個人坐在船裡看著魚，當他眼見游進來的魚差不多了，他有特別的辦法關住所有通路，把魚都困在一張網內，然後把網吊起放到船裡，直到把這些捕獲的魚都處置好爲止。鮪魚通常重五十到一百磅，但有些更大條。捕獲之後隨即剖殺乾淨、煮熟、切片。內臟和魚頭可以煉油；魚肉片曬到半乾，偶爾配以橄欖油和醋來吃，或者裝桶油浸外銷。鮪魚在義大利以及皮埃蒙特都被視爲美味，味道跟鱘魚很像。古代很有名的稱爲「garum」的醃物，是用鮪魚的內臟和血做成的。在薩丁尼亞島⓭有相當大量的漁獲，但據說要動員四百人；但這漁業屬於聖皮耶公爵所有。在弗蘭卡鎮（Villa Franca）附近一帶向來都有人受僱去採集生長依附在海裡岩石上的珊瑚和海綿，方法可不怎麼巧妙。採集珊瑚時，他們放枝拖把下海，拖把繩是用我們軍艦上稱爲細索油麻繩所組成，吊在不同細繩上，然後藉助重物將之沉下海去，重物墜海時撞擊珊瑚，使之從岩石上斷裂；有些斷裂的珊瑚就纏在這拖把繩上，於是等他們把這拖把拉上來時，就連珊瑚一起拉上來了。採海綿是用十字棍，上面裝了勾子，沉下海去可以勾住海綿，把海綿從岩石上撕裂下來。在亞德里亞海及其列島的某些地區，是由潛水夫來採集珊瑚和海綿的，他們可以在海裡憋氣逗留五分鐘。可是我不會再多拉

⓭薩丁尼亞島：Sardinia，義大利南部島嶼。

著你一分鐘；因爲我得去細查一番，沿著那些岩石生長著大量非常好的海蓬子⓮，沒有人留意到牠們也沒人知道。

—— Tobias Smollet 所著《法國與義大利之旅》（*Travels Through France and Italy*）

*

馬賽魚湯

Bouillabaisse

*

馬賽魚湯的做法已經廣為人知，不過既然這本書是講地中海料理的，當然要把馬賽魚湯也收錄在內才是，所以我就列出赫布爾所著《普羅旺斯廚娘》裡的做法。

「若要像在馬賽那樣的吃法來吃馬賽魚湯，完全恰如其分，則至少需要有七到八位客人才行。箇中原由是：做這湯需要用到大量各種所謂的『岩魚』⓯，所以當然要盡可能用得愈多愈好，岩魚種類多多益善。其中有幾種具有獨特味道，有獨特魚香。這道湯要做得好，完全就靠這些各種不同岩魚結合出來的風味。當然，沒錯，是可以只用三、四種岩魚做出勉強過得去的馬賽魚湯，但依然還是如前面所說過的，是要靠所用的魚才能結合出味道。

⓮海蓬子：samphire，一種海濱植物，可供食用。

⓯譯按：指的是魚由科魚，中文俗稱石狗公、虎魚、獅子魚等，棲於岩礁和海藻林區之海底層，肉質甜美而有彈性。

「言歸正傳，講到這湯的做法。有了所需的海鮮材料例如小龍蝦、rascasse（這是一種紅色多刺的魚，只有地中海才有，英文裡找不到對應的名稱）、角魚、龍鰲、roucaou⑯、魴魚、鮟鱇魚、海鰻、牙鱈、海鱸魚、螃蟹等等，將它們刮鱗洗淨，切成大塊，分別放在兩個盤子裡：一盤放質硬的海鮮——小龍蝦、rascasse、龍鰲、鯡魚、魚安魚康魚、螃蟹；另一盤放質軟的魚——海鱸魚、roucaou、魴魚、牙鱈。

在煮鍋裡放3片洋蔥、4瓣壓扁的大蒜、2個去皮番茄，1束用百里香、茴香、歐芹紮成的香草，1片月桂葉、1片橙皮；在這些佐料上面擺好質硬的海鮮，淋上½玻璃杯（90毫升）橄欖油，再加上滾水淹過海鮮。放鹽、胡椒、番紅花調味，然後用大火煮，火要大到火舌包圍著一半鍋身。燒滾之後繼續滾5分鐘，然後才加入軟質魚類，繼續用大火再滾5分鐘，算起來從開始燒滾總共10分鐘左右，然後把鍋從火上移開。深盤裡先放一片1吋左右（2.5公分）厚的麵包，把湯澆在麵包片上。另外用一個大淺盤來放海鮮，依序擺好，撒上歐芹末，兩樣都要趁熱吃。

「要注意一點，煮的時間要很快，這是關鍵：這樣煮出來的橄欖油才會跟魚鮮高湯結合產生出鮮味湯汁，否則就會浮到湯面上而不與湯結為一體，吃起來沒有那麼開胃。

---

⑯譯按：此爲普羅旺斯方言，意謂「岩」，意指「岩魚」。

「這說明有點嫌長了，可是確有必要；因為坊間的食譜十之八九的指示都不正確；譬如說教你要把所有鮮魚都放在鍋裡用大火煮15分鐘，要是1塊海鱸魚或者1片牙鱈用大火煮了一刻鐘之後，或許還見得了人，但卻免不了縮小呈碎爛狀，這魚是很細嫩的。

「要做湯味鮮美的馬賽魚湯，可以把那些要做馬賽魚湯材料的魚頭等先用來熬魚鮮高湯，加上幾條小岩魚、2個番茄、2根蒜苗、2瓣大蒜一起煮。煮好之後濾掉湯渣，然後用這高湯代替水來煮馬賽魚湯。

「也可以用淡水魚蝦做出還過得去的馬賽魚湯；用幾條淡水魚例如鰻魚、大條河鱸、中等大小的梭子魚（pike）、茴魚（grayling）或鱒魚、鯰魚；用十幾條斑節蝦來取代小龍蝦。當然這湯是不能跟正宗馬賽魚湯相比的，不過聊勝於無以慰懷念之情而已……」

*

希臘風味烤魚

Fish plakí

*

這是典型的希臘烹魚方式，但也是做出來各有不同。

洗淨一條大魚，例如鯛魚、大比目魚（turbot）或者魴魚。撒上胡椒和鹽以及檸檬汁，放在烤盤裡。用橄欖油炒些洋蔥，加大蒜和歐芹一起炒，炒到洋蔥軟了再加些去皮番茄，用慢火炒幾分鐘後，加一點水，再煮幾分鐘，然後把這煮好的配料倒在魚上面，淋1玻璃杯（180毫升）的白酒，再放幾片生番茄和檸檬薄片。放到中溫烤箱烤（320~370°F／160~190℃／煤氣爐3~4檔）至少45分鐘，要是魚很大條就再烤久一點。

*

火烤紅鯔

Red mullet, grilled

*

用火烤洗淨的紅鯔（不要去掉魚肝），烤時淋一點橄欖油。茴香切碎混入牛油，並擠幾滴檸檬汁，烤好的魚就蘸這茴香牛油吃。

*

尼斯風味冷盤紅鯔

Cold red mullet niçoise

*

用橄欖油將魚煎到略呈焦黃，撒鹽和胡椒調味，然後將魚改放到耐熱盤裡。在盤內魚周邊擺下列材料：一些切成小塊的番茄，少許洋蔥末，5~6顆去核黑橄欖，1瓣切碎大蒜。淋上½玻璃杯（90毫升）的白酒，蓋上盤子，放在中溫烤箱（320~370°F／160~190℃／煤氣爐3~4檔）內烤熟。等到涼透之後撒些歐芹末，切幾片橙放在魚周圍作為點綴。

*

白酒烏魚

Mulet au vin blanc

*

烏魚（仔細洗淨）鑲了餡料，是用茴香、歐芹、蒜末以及麵包粉混成的。

洋蔥切絲用橄欖油炒軟，鋪在烤盤裡，把魚放在洋蔥上面，淋1玻璃杯（180毫升）的白酒，然後撒滿麵包粉蓋住。

放在烤箱裡烤熟。

*

酥炸沙丁魚

Beignets de sardines

*

將沙丁魚去骨輾平，浸了麵糊之後用熱油炸熟，麵糊要加1小片大蒜。

*

豌豆鯖魚

Maquereaux aux petits pois

*

3~4條鯖魚，1個洋蔥，1大匙橄欖油，1大匙番茄糊，2瓣大蒜，月桂葉，茴香，百里香，歐芹，2½磅（1.25公斤）新鮮豌豆。

洋蔥切末，放到燉鍋裡用橄欖油炒到轉為金黃色時，就加番茄糊下去，炒勻之後加大蒜和上述香草。倒入2½品脫（1.5公升）滾水，放鹽、胡椒和少許番紅花調味，然後放豌豆下去。

鯖魚視大小而將每條切為2~3塊，豌豆煮到半熟時，把鯖魚塊放到鍋裡去煮，燒滾之後煮到豌豆和鯖魚都熟了為止，這時取出鯖魚放到菜盤裡。

另外用一個盤子先鋪些麵包片，把豌豆和湯汁倒在麵包片上，兩盤一起端上桌。

*

鍋燒豌豆鰻魚

Anguilla in tiella al piselli

*

這是道義大利鰻魚料理，跟豌豆放在炒鍋裡煮成。將鰻魚切成厚片，放在鍋裡，跟¼磅（125公克）切成方塊的培根一起煎，直到鰻魚略呈焦黃；然後加入1½磅（750公克）生豌豆，以及稀薄番茄醬汁，剛好淹住豌豆，並加鹽、胡椒、糖調味，用慢火煮到豌豆熟為止。

*

鱒魚蘸胡桃醬汁

Truite sauce aux noix

*

用絞肉機把½磅（250公克）胡桃絞碎，然後放到乳缽裡，加一點鹽，有如打蛋黃醬般不停攪拌，並徐徐注入1杯水和一點醋。

攪好的醬料用來蘸冷鱒魚一起吃，鱒魚只需放在煮魚湯料⑰裡煮熟即可。

*

普羅旺斯奶油鱈魚泥

Brandade de morue

*

又是一道揚威的普羅旺斯料理，用來克服星期五的禁止食肉之苦⑱。

選用一些品質好的醃鱈魚，6人份約需2磅（1公斤），用冷水浸12小時。取出洗淨，放到裝了冷水的鍋裡；蓋上鍋煮魚，水一燒滾就把鍋從火上拿開。取出鱈魚仔細去除所有魚刺，2瓣大蒜壓碎跟

---

⑰煮魚湯料：court bouillon，用蔬菜、酒、調味品等熬出的湯，主要用來煮魚和甲殼類海鮮。

⑱譯按：舊時天主教徒星期五不得食肉，只能吃魚。

鱈魚塊一起放到鍋裡，用很小的火煮。另外用兩個小煮鍋分別熱些牛奶和橄欖油，但兩者都保持溫熱而不要熱燙。這時把牛奶和橄欖油先後加到鱈魚鍋裡，一匙一匙地加，一面加一面用木匙用力翻攪，並利用匙把魚擠向鍋邊使之壓碎（所以這料理叫做「brandade」，從branler一字而來，意思是壓碎、弄碎）。等到整鍋鱈魚看起來像糊狀時，就大功告成了；需留意的是，鱈魚、牛奶、橄欖油都只要保持微溫程度就好，否則橄欖油會毀掉整個過程而做不成。還有翻炒弄碎鱈魚一定要使力才行；有些人因此寧可先用乳缽把鱈魚搗爛了才加橄欖油和牛奶。

這道奶油鱈魚泥的吃法冷熱皆宜，如果要吃熱的，可以配酥皮盒子⓳也就是小餡餅酥皮（little pâté），用幾片松露點綴，或者只用三角形的炸麵包配襯。

*

普羅旺斯哈伊托醬汁

Raïto

*

哈伊托醬汁是普羅旺斯在聖誕夜必備的傳統料理之一。

這是一種燉很久的醬汁，材料包括洋蔥、番茄、大蒜、搗碎的胡桃肉、百里香、迷迭香、茴香、月桂葉、紅酒、酸豆，以及黑橄欖，全部跟橄欖油一起用慢火燉。

這種醬汁可以用來煮醃鱈魚或鰻魚。

*

茴香烤魚

Grillade au fenouil

*

這道著名的普羅旺斯料理通常是採用一種名為「海狼」的海鱸魚來做，這是地中海最好吃的魚之一。紅鯔也可以用這個做法來做。魚洗淨之後，先在兩側魚身用刀劃兩道口，抹上鹽，並抹上一層橄欖油或融化的牛油。在烤架盤⑳的盤裡鋪一層乾的茴香梗，在烤架上放魚，然後把烤架盤放在火上烤，烤的過程中要翻轉魚身兩三次。魚烤熟之後，把些許茴香梗放到耐高溫的餐盤裡，魚放在茴香梗上面；然後在杓子裡放一點雅馬邑白蘭地（Armagnac）或普通白蘭地，溫熱之後點上火，澆到魚身上，茴香梗會跟著燒起來，產生芬芳氣息，為魚增添風味。

火燒茴香魚過程之後所餘下的少許汁液要先過濾，才跟魚一起端上桌。要買普羅旺斯的乾茴香梗、乾百里香梗、以及整片乾的羅勒，可以在L. Roche店買到，地址是：14 Old Compton Street, London W1。

---

⑲酥皮盒子：vol au vent，中空的千層酥，可以用來填入不同餡料。

⑳烤架盤：grilling pan，此種烤盤有把手，並有烤架放在盤上，烤盤直接放在火上烤。

*

鮪魚料理

Tunny fish

*

新鮮鮪魚的口感跟小牛肉完全不一樣。雖然我在店裡見過一兩次鮪魚，但鮪魚在英國是不常見到的。法國南部就多了，而且很便宜。

做鮪魚的最好方法是切成厚片，像鮭魚排一樣，然後用橄欖油或牛油來煎，煎到半熟時加入2~3切成小塊的番茄、1把切碎的歐芹，1小玻璃杯（180毫升）葡萄酒，紅酒或白酒都可以。

吃的時候佐以水煮馬鈴薯。

*

蒜味蛋黃魚羹

Bourride

*

對於喜歡大蒜的人而言，這或許是普羅旺斯海鮮料理之中最好的一道，這湯很合我口味，我認為比馬賽魚湯或任何義大利魚湯都更好。

蒜味蛋黃魚羹通常採用各種不同的地中海大魚來烹製，例如海鱸魚、鯛魚、魚安魚康魚、烏魚，但幾乎無論哪一種白魚做出來都很好吃，而且只用一種魚也可以。烏魚是種賤魚，但是做法得當的話非常好吃，用來做這道魚羹非常棒，或是牙鱈、角鯊㉑、角魚、魴魚，甚至新鮮的沙丁魚也可以。

無論用哪一種魚，皆用煮魚湯料煮熟，湯料事先煮好，做法是把1個洋蔥、月桂葉、檸檬皮、茴香、魚頭、鹽和胡椒加水一起用慢火煮，並加一點白酒或醋，煮15分鐘左右即成。先把煮好的湯放在一邊待涼透之後，濾掉湯渣，然後才用來煮魚，煮的時候要用慢火燒滾，然後繼續滾到魚煮熟為止。

預先做好蒜泥蛋黃醬（見302頁），起碼要用2個蛋黃和½品脫（300毫升）左右的橄欖油。並且也先準備好每人份至少2片法國麵包，烤過或用烤箱烘過都可以（後者比較容易顧得來，因為可以趁著做其他步驟時一次放2~3片到烤箱裡）。魚差不多煮好時，把一半的蒜泥蛋黃醬放到雙層隔水鍋的上層鍋裡；徐徐注入4個蛋黃打好的蛋汁，一邊攪拌，然後加1杓正在煮魚的魚湯。用很溫和的熱度來煮，邊煮邊攪動，直到醬汁變稠起泡為止。餐盤先烤熱，烤好的麵包分別放在餐盤裡，把蒜泥蛋黃醬汁淋在麵包片上，再把魚撈出來放在麵包片上，趁熱趕快吃，另一半蒜泥蛋黃醬放在醬盅內端上桌，用來蘸魚吃。

㉑角鯊：原文爲rock salmon，俗稱dogfish，乃小條的鯊魚類。

章魚和烏賊

一頓希臘式盛宴

……我們吃了一頓「教會盛宴」後才曉得那是怎麼回事。

那些餐桌打直、打橫再打直連擺在一起，像個一邊缺口的長方形。全部坐了大概有六、七十個人。中間那張餐桌的上座坐了主教，昨晚的典禮就是由他主持的，主教瘦削而莊嚴，他轄下的小亞細亞教區在戰爭中被毀掉了。他身邊坐著的是伊夫羅糾斯，乃聖山裡最好看的僧人，鐵髯鬆垂，五官如雕鑿，鼻如鷹鉤。我們在瓦脫陪地聽到消息，說他甫受命將出任爲地拉那㉒的大主教，因此也就成爲阿爾巴尼亞全國的首席主教，對於四十七歲的人來說，這可是很重要的職位。然而他卻說不是很肯定自己願意用詩情畫意的聖山生活㉓換取粗魯政治花樣百出的動亂生活。

大餐開始先上湯，接下來連上四道菜，都是章魚料理。有蒜頭煮章魚，也有什麼都不加的煮章魚，可能味道還細膩些。有章魚煮豆子；還有又是白煮章魚但加上熱辣辣的肉滷汁。接著端上桌的是魚

㉒地拉那：Tirana，阿爾巴尼亞首都。

㉓聖山：Mt. Athos，位於希臘東北部海岸，乃禁止女性涉足的希臘正教修行之地，有許多修院。

卵，又硬又圓，直徑一吋長三吋。點綴以加了魚子醬打成的黃色蛋黃醬。它們的到來孕育了事件發生；因爲，我完全不知道它們很有彈性，矇然地就把餐刀往一塊魚卵切下去，只見它一飛而起越過我眉毛，飛向了坐在我旁邊那位神父整潔無瑕的服裝上。他當然很氣惱。但我先用自己餐巾爲他把漬跡清除得一乾二淨看不出來之後，又頻頻示以懊悔之淚，終於洗去他的怒氣，使他恢復了平靜。餐館老闆將上菜時間安排得非常完滿，不用說，源源不絕供應大量葡萄酒這點也很高明。

高潮是在上菜上到蝸牛時，每個人盤子裡大概都分到九個到十二個蝸牛，蝸牛尖角已經先敲掉了，所以吃法剛好要倒過來，不像在西方是從蝸牛殼口把蝸牛挖出來，而是很靈巧地用叉子從頂上一挑就可以了。餐館老闆，還有周遭所有人，都很關注地務必要讓我們很懂得欣賞此味，並確保我們不花力氣就能做對動作挖出蝸牛。蝸牛眞的很美味。同時我們還不斷喝酒，彷彿那時還是晚上十點鐘而非早上十點鐘了。大家都如此這般，忙著大吃大喝，縱情大笑，提高嗓門講著話，互相隔著桌子跟人乾杯祝酒。接著，在主教和伊夫羅糾斯帶頭之下，在場全體人等都用拇指和食指拈著一個蝸牛空殼，吹出了很響的哨音，聽起來就像成千上萬個送牛奶的小子在比賽吹哨，看誰會得獎。

甜品是蘋果和葡萄，之後送上的是咖啡以及比較淡的葡萄酒。依依不捨地跟餐館老闆、令人望而生畏的伊夫羅糾斯以及其他所有人等道別之後。我們就出發上路前往卡利亞斯，這時已經日正當中了。

——摘自Robert Byron所著《車站》（*The Station*）

*

章魚料理

Octopus

*

沒有到過地中海地區旅行的人一聽到章魚可能會起戒心：其實烹調得法的話，章魚是很棒的料理，非常滋味，令人聯想到龍蝦。

在希臘和賽普勒斯島上，大章魚都先曬乾了，把章魚腕切成小段，用炭火烤好，用來佐以你所選擇喝的開胃酒。

要是煮新鮮章魚的話，這種大章魚就要很仔細洗乾淨，摘除墨囊（除非是要用章魚墨汁來煮章魚，煮出來的汁很黑，但味道非常濃），放在自來水底下沖洗幾分鐘，然後像搥鬆牛排一樣搥打一番（事實上，我還見過希臘人把它們摔向岩石），否則它們的肉質會令人咬不動的。然後把章魚腕和魚切成同樣大小的一段段，用滾水燙一下，瀝乾水分之後撕去外皮㉔。切好的章魚放進砂鍋裡，加2~3個切好的大洋蔥、一點大蒜、1枝百里香、適量鹽和胡椒，2~3大

㉔作者注：有個通訊員從西班牙南部寫信給我，告訴我說去除章魚皮還有更好的辦法：先在手上抹上粗鹽，用力搓在每條章魚腕上，再一扯，章魚皮就會脫落了。

匙番茄果肉，然後加紅酒淹過所有材料，用慢火煮4或5小時。

倫敦有兩家魚店，Richards和Hitchcock，都位於蘇豪區Brewer Street，這兩家魚店都有賣新鮮魷魚，但是雖然北部海面產大量章魚，我卻從來沒見到英格蘭地區有得賣，所以這道食譜同樣也可以用來煮魷魚和烏賊。

*

火烤魷魚烏賊

Grilled calamári

*

把魷魚、烏賊等袋囊般的部分裡外反轉，用自來水沖洗乾淨，摘除墨囊、內臟以及硬凸如喙之物，還有透明脊骨。用鹽、胡椒、檸檬汁、馬郁蘭調味，灑上橄欖油，放在火苗下面烤10~15分鐘即可。待涼透才吃，橫切成一段段，是很好吃的小菜。

也可以用菠菜或加了濃烈調味的米做餡料來鑲魷魚或烏賊，然後加葡萄酒或番茄醬汁慢慢燉。魷魚和烏賊也經常切成大塊用來煮西班牙海鮮飯或義大利海鮮燴飯，以及海鮮湯等。

有一種很小的墨魚，在法國稱之為suppions，在義大利叫做calamaretti，在希臘稱為calamarakia，堪稱人間美味。通常是先浸麵糊，然後用橄欖油炸得很香脆，吃時加點檸檬汁。

*

紅酒洋蔥燒墨魚

Civet of inkfish

*

3磅（1.4公斤）墨魚，留下墨汁，並混以1玻璃杯（180毫升）無甜味的紅酒。將墨魚切成小塊，用紅酒浸一晚。第二天將洋蔥切絲，橄欖油混合牛油把洋蔥炒到軟，取出炒軟的洋蔥，放墨魚下鍋煮到變色，再把洋蔥放下鍋，並放一把松子或燙過去皮剝成兩半的杏仁。加入紅酒墨汁以及浸過墨魚的紅酒一起煮，需要的話就加水，用慢火煮到墨魚變軟為止。

畜肉類

⊙在「冷盤與沙拉」一章中，還有其他肉類的食譜。

一家很棒的餐廳

「我不知道瓦福村離佛內侯有多少哩遠，我只知道我們去到那裡，而那個村子離火車站有十一公里遠。瓦福村北方旅館的烹飪在該地區遐邇聞名，很多人都慕名不遠千里而來，專程上山去那裡一享口福。我們也一樣。我們到的時候是十一點鐘，午餐時間剛好結束了。廚房裡的老闆和老闆娘說我們不幸來得太晚了，吃不到正式像樣的一頓飯，不過他們會替我們想想辦法，看看可以做出些什麼給我們吃。以下就是他們爲我們做的這頓飯內容：

湯

當地火腿

油浸燜鵝肉

原味煎蛋卷

紅酒洋蔥燒野兔

白汁小牛肉飯

烤小山鶉

侯格堡乳酪❶

---

❶侯格堡乳酪：Roquefort，法國蘇勒松河畔侯格堡（Roquerfort-sur-Soulzon）鎮之康巴廬山（Mont Combalou）天然洞穴中熟成的乳酪。爲世界三大藍紋乳酪之一。

康塔爾乳酪

櫻桃醬

梨

無花果

我們吃得一乾二淨；每一道菜都非常出色。我把這頓飯列爲從前在布魯塞爾明星餐廳吃過的一頓飯同級數，明星餐廳當年曾經是世界最佳餐廳，現在不知道是否仍是——而它的規模大小，可以說，跟位於斯特蘭德大街❷的「高氏」（Gow's）餐廳差不多。

除此之外，並有三種葡萄酒，普通白酒、普通紅酒，最後上來的是很細緻的酒，那細酒眞的是好酒。

兩個人吃完這樣一頓飯，結帳總共是七法郎。」

——摘自 Arnold Bennett 所著《吸引我的事物》（*Things That Have Interested Me*）

---

❷斯特蘭德大街： the Strand，位於英國倫敦中西部，與泰晤士河平行，以其旅館和劇院著稱。

小牛肉類料理

*

小牛肉卷

Paupiettes de veau clémentine

*

1磅（500公克）瘦的小牛肉，1小匙酸豆，½個檸檬的皮與汁，¼磅（125公克）燻培根，麵粉，白酒，香草，1個洋蔥，牛油。

小牛肉切薄片，在每小片肉上擠點檸檬汁，撒上胡椒和鹽，然後放一小片燻培根，把牛肉片捲起來用線綁緊。將牛肉卷在麵粉中滾一滾，放到砂鍋裡跟洋蔥絲一起用牛油煎到轉為焦黃。加水、1玻璃杯（180毫升）白酒、檸檬皮、酸豆和香草，蓋上砂鍋，用慢火煮45分鐘。解掉牛肉卷上的線，並過濾煮出的醬汁才上桌。

*

一口兒肉卷

Bocconcini

*

小牛肉薄片（就跟小牛腿肉切成的薄片escalope一樣），生火腿，炸麵包，格律耶爾乳酪，雞蛋，麵包粉。

小牛肉一定要切得非常薄，相當小片，調好味，然後在每片肉上放一小片生火腿和一小塊格律耶爾乳酪，捲成小肉卷，用線綁好。將小肉卷在蛋汁浸過沾上麵包粉，用牛油炸到呈金黃色。炸好時，格律耶爾乳酪應該剛好融化。除掉綁線，每個小肉卷放在一片炸麵包上端上桌。

*

諾曼的小牛肉做法

Norman's recipe

*

切好的小牛腿肉薄片，生火腿（prosciutto），新鮮鼠尾草葉，新煮好的番茄醬汁，麵粉，牛油。

小牛肉薄片調好味，在每片肉上放一片跟小牛肉片同樣大小的生火腿，再放一片鼠尾草葉片，然後捲成肉卷，用線綁好，在麵粉裡滾過放到鍋裡用牛油煎。最後加入充分調味的番茄醬汁煮15分鐘左右便大功告成。

*

燉帶骨小牛腱

Osso buco

*

跟肉店買6塊厚的小牛牛腱，但要連牛腿骨一起鋸開，讓每塊牛腱的中央都有帶骨髓的腿骨。在一個闊口淺身的燉鍋裡先炒些洋蔥。帶骨小牛腱先用鹽和胡椒調味，在麵粉裡滾過，放到同一個燉鍋裡煎黃，加入1個胡蘿蔔、月桂葉、芹菜、大蒜、百里香、羅勒、1片檸檬皮、1玻璃杯（180毫升）白酒、一點高湯，並在帶骨牛腱上面放足量新鮮做好的番茄糊，但不要多到蓋住了牛腱。用很小的火燉4個小時左右，直到肉幾乎脫離骨頭為止。在吃之前的10分鐘，撒上芹菜末或者歐芹末，以及檸檬皮末。在燉的過程中一定要保持肉塊擺正，否則牛骨髓會從骨頭裡脫落。用白飯來配這道料理吃。

*

福瓦佑小牛排

Côtes de veau Foyot ❸

*

做4份好吃的小牛排，先把4盎司（125公克）左右的洋蔥末放到鍋裡用一點牛油慢慢炒到略黃，然後加1酒杯（150~200毫升）的白酒和同樣分量的牛骨或豬骨高湯（brown stock）。小牛排用鹽和胡椒調好味，先在刨碎的巴爾瑪乾酪或格律耶爾乳酪中滾過，再沾上麵

---

❸ Foyot：福瓦佑，十九世紀法國國王路易—腓力（Louis Phillipe，1830~1848在位）的御廚。後來在巴黎開設餐廳，小牛排爲其餐廳招牌菜之一。

包粉。在耐高溫盤中塗上牛油，放一層麵包粉，再放小牛排，然後鋪上煮好的洋蔥，不加蓋，放在很慢火的烤箱（240~310°F／115~155℃／煤氣4~2檔）裡烤1小時左右，不時再淋上一點高湯。吃時配以一盤新鮮豌豆。

小羊肉和羊肉料理

理想的料理

「你說的滿對的，」伯爵對赫德先生說，「理想的料理應該是展現出獨有特色；它供應的菜單內容應該是從形形色色最迥異的國度與民族的廚房裡精心挑選出來的搭配——反映出主人的食不厭精、膾不厭細的美食精神。舉例來說，還有什麼比得正宗土耳其燴飯呢？波蘭人和西班牙人也各有他們創出的拿手好菜。要是我能夠實踐我這個想法的話，我肯定會在自己的清單上加幾道這些奇異的東方風味甜食，也就是季斯先生已經成功指導他那位義大利大廚學會做的那些。這些甜食動人遐思；讓人浮想聯翩，彷彿見到了東方的富麗輝煌，那是我很願意付出餘生去看到的。」

——摘自諾曼．道格拉斯所著《南風》(*South Wind*)

*

普羅旺斯風味烤羊腿

Gigot à la provençale

*

這道食譜是我在一本老舊法國烹飪書裡找到的，我在此就照引述法文原文：誠如作者所鄭重聲明的，這道料理唯有吃慣法國南部菜的人才吃得消。

「在羊腿多肉的部分勻稱地塞入12瓣左右肥大的蒜瓣，比大蒜多1倍的鯷魚肉，洗淨，用來代替肥肉丁塞在羊腿裡。然後用橄欖油抹在羊腿上，穿在鐵扦上懸在火上烤熟。烤羊腿的當兒，再剝約1公升的蒜瓣，用滾水燙過。

「要浸過3次滾水，而且每次要換水，之後就把蒜瓣放在冷水裡等它們涼透，然後加1杯湯將之煮熟。羊腿烤好時，將烤出來的汁仔細撇起，用這些蒜瓣調味，吃羊腿時就配這大蒜烤汁。

「除非是已經吃慣法國南部料理的人，否則是吃不消這道料理的，因為法國南部料理幾乎每道菜都必用大蒜。」

*

希臘串燒羊肉

Arní souvlákia

*

小羊肉切成1吋左右（2.5公分）見方的肉塊，用鹽、胡椒、檸檬汁、馬郁蘭調味❹。把肉塊串在烤肉扦上放在火上烤熟。吃的時候

---

❹原注：在希臘都用野生馬郁蘭（譯按：即牛至〔oregano〕，幾乎爲希臘料理不可或缺的香料）；稱之爲「rigani」，香氣比我們用的馬郁蘭要濃烈。在希臘文「origanum」意思是「山產喜樂」。希臘的rigani爲希臘串燒帶來獨特香氣和味道，在倫敦的「希臘食品店」（Hellenic Provision）可以買到這種香草，地址是25 Charlotte Street, London W1。

盤裡鋪上厚厚的歐芹或萵苣絲，整串肉放在上面，配上4個檸檬。

在一家原始風情的克里特酒館餐廳露台上吃串燒，烤肉帶著木柴煙火氣以及山野香草芬芳，佐以濃烈的克里特島紅酒，這樣的串燒肉簡直充滿詩意。這種料理極其簡單，實際上原本是土耳其料理，就跟很多希臘料理一樣是源自土耳其，但希臘人卻總不太願意承認。

*

羊肉或小羊肉串燒

Mutton or lamb kebabs

*

這種串燒的獨特滋味完全不需要其他添加點綴的搭配，可以放在一大盤炒飯上面一起吃，但最好的吃法是整串放在一層厚厚的歐芹或西洋菜或是切碎萵苣上面。

小羊肉或羊肉按照前述方式切好調味❺。番茄對半切開，切口朝向串扦尖將之串在烤扦上，每支烤扦串半個番茄。然後依序串上肉塊，要帶點肥肉在上面，月桂葉，洋蔥塊❻。撒上鹽、胡椒、馬郁蘭（見前述食譜），以及檸檬汁，然後放在烤架上用火烤熟。

---

❺原注：很多烹飪書都教人做這種串燒時先用葡萄酒或醋先醃過，但在希臘絕不會這樣做，而且這樣做會完全破壞烤肉的天然鮮美。

❻譯按：洋蔥切塊狀，亦不需分開成一片片，而是幾層洋蔥連在一起的塊狀。

做6人份的烤肉需準備3磅（1.4公斤）左右（尚未去骨的重量）的小羊腿或羊腿肉，如此每人大概可以分到2串烤肉。

*

帶骨小羊肉

Lamb on the bone

*

在希臘的鄉下地方，還有海島上，家常烹飪設施都相當簡陋，像這類料理都是一早先準備好，然後送到村中烤爐去烤❼；烤出來味道非常好，用煤氣烤箱烤出來的效果絕對比不上，然而用這方法烤出來的卻並非意味就可以吃到新鮮熱辣的；事實上，希臘人卻喜歡把食物放涼了吃微溫的，怎麼跟他們爭辯都沒用。

將一條小羊腿連骨帶肉鋸成4~5塊，每塊肉塞1瓣大蒜，調好味並撒上迷迭香。

放在淺鍋裡用烤箱烤或者放在火上用慢火煨，淋上橄欖油或用滴出的油澆到肉上，肉塊烤好前的30分鐘，再放切片馬鈴薯和番茄一

❼譯按：此爲社群公用烘焙窯狀烤爐，燒柴火，家家戶戶在此烤麵包，因爲沒有自家的烤爐，法國南部仍有這類遺跡。作者所說情況至今依然，甚至某些小市鎭的希臘人往往捧了大盤準備好的料理送到專門烘焙麵包的舖子去烤，算好時間再去取回烤好的料理，並付烘烤費用。而這類烘焙舖都有大型且火力強勁的烤箱，因此同一時間可以烤許多盆料理，且因火力夠，故烤出效果比家庭用的烤箱要好，也就是作者所說「煤氣烤箱所不及」之意。

起烤；如果不放馬鈴薯，可以改為放半生熟的米飯。在後者情況下，濾掉煮出的油，並加大量稀薄的番茄糊，半生的米飯煮出來之後會吸收了番茄烤汁。

肉一定要煮得很透，煮到脫離骨頭為止。有時也會將茄子連皮對半縱切之後跟馬鈴薯和番茄一起加到羊肉鍋裡煮。

*

加泰隆尼亞燉羊腿肉

Tranche de mouton à la Catalane

*

從羊腿上切塊厚片下來，放在燉鍋裡，加1大匙脂油，先用慢火把肉兩面煎一下；加鹽和胡椒調味，並在肉片周圍放20瓣大蒜❽，再煎幾分鐘，之後撒些麵粉，注入1杯高湯或水，並加1大匙番茄糊。

用慢火燉到肉熟透，如果有點燒乾的樣子就再加高湯。上菜時把大蒜放在肉周圍，並把煮出來的汁淋在肉上。

---

❽原注：可以不用剝掉蒜皮，因爲煮熟之後蒜皮自然會脫落。

*

希臘串燒羊雜

Kokkrétsi ❾

*

綿羊內臟——心、肝、肺、腎、腦、胰臟和胸腺等等——都切成小塊，用大量野生香草❿和檸檬汁調味之後，串在烤扦上。

羊腸則洗淨後纏繞在串好的羊雜上，架在烤叉上⓫用小火慢慢烤熟。其實這種串燒可說是最原始的香腸做法，纏繞在羊雜塊上的羊腸等於是香腸的腸衣。

*

烤全羊用的土耳其風味鑲餡料

Turkish stuffing for a whole roast sheep

*

2杯半生熟的米飯，1打熟栗子，1杯無子葡萄乾，1杯去殼開心果，鹽，紅辣椒，1小匙磨碎肉桂，¼磅（125公克）牛油。

栗子和開心果仁切成碎末，混入其他材料。牛油融化後用來煮餡

---

❾譯按：希臘最盛大的節慶可謂復活節期間，而此期間最典型的應節料理便是烤全羊，這道串燒羊雜則是副產物，爲復活節「下水料理」中最馳名的。

❿譯按：尤其是牛至，是希臘烤肉料理最常用的香草。

⓫譯按：火烤有將食材放在網狀烤架上的烤法，也有將穿好食材的炙叉懸在火上的烤法，此指後者。

料，用慢火煮，並不停攪拌及至餡料混合得很勻為止。

這餡料也可以用來鑲雞或火雞。

*

吃起來如鹿肉的羊腿做法

Gigot de mouton en chevreuil

*

中等大小的羊腿1條，不要選剛剛宰殺好的，而選宰殺好沒多久的，肉纖維很緊而且一定要嗅起來沒有油膩味的。1根小胡蘿蔔，1個大洋蔥，½顆芹菜頭，三者全部切成碎末。先在砂鍋裡將1酒杯（150~200毫升）的橄欖油燒熱，放下蔬菜末炒到略黃，加入¼品脫（150毫升）白酒以及2玻璃杯（360毫升）葡萄酒醋，4~5根歐芹梗、4顆大的紅蔥頭、2瓣大蒜、百里香、月桂葉、1小撮迷迭香、6粒胡椒、8顆壓扁的杜松子、適量鹽。用慢火燒滾後繼續煮30分鐘，然後熄火讓它冷卻。涼了之後揭去羊腿皮，但小心不要破壞了肉。用小片培根在肉表層貼上5~6排，每片緊靠住另一片。把羊腿放到有蓋大陶盅裡，把冷卻的煮汁淋在肉上。夏天的話，就擺2~3天，冬天就擺4~5天，不時用叉子把羊腿翻身（千萬不要用手指去碰它）。醃好後除掉黏在肉上的佐料並抹乾淨（這點很重要）。在烤盤裡放融化的奶油或豬油，用最猛火（450~480℉／235~250℃／煤氣8~9檔）去烤：這點很重要，因為用中火烤的話，肉會烤老但不會烤得焦黃。等到皮烤到焦黃了，再把溫度調低，用略猛火（380~400°F／195~205℃／煤氣5檔）甚至中火（320~370°F／160~190℃／煤氣3~4檔）烤，並不時將烤出來的油脂澆到肉上。

這道料理要趁熱吃，上菜時羊腿周圍放酥皮餅，並伴以鹿肉佐料汁（見298頁）以及一道糖水煮蘋果。

*

吃起來如鹿肉的羊排做法

Filets de mouton en chevreuil

*

跟肉店買8小塊羊排（法文稱noisettes⓬），在每塊羊排塞幾小片培根，按照前道食譜醃羊排3天。煮時先在砂鍋裡放牛油，然後放羊排下去，煮好之後，吃時佐以胡椒醬汁或其他任何濃味的醬汁。

*

胡椒醬汁

Sauce poivrade

*

在煎過肉排的牛油裡加1撮鮮磨黑胡椒、1小玻璃杯（30~45毫升）白葡萄酒醋、2顆切絲紅蔥頭；用大火燒滾很快煮到水分減少而濃

⓬ 譯按：圓且小的羊肉片，厚度約5公分。用羊里脊或頸尾上肉切成。

縮，加2大匙濃肉汁，要是沒有濃肉汁的話就改加牛骨或豬骨高湯，以及½玻璃杯（90毫升）紅酒，然後再煮到水分減少而濃縮成醬汁為止。

牛肉料理

「我們隨便哪個人都會願意去宰一頭母牛而不願食無牛肉。」

——約翰生博士

*

希臘燉牛肉

Stiphádo

*

2磅（1公斤）牛排切成大塊，用橄欖油煎，並放3磅（1.4公斤）小洋蔥和幾瓣大蒜一起煎到略黃。把½品脫（300毫升）很稠而且充分調味的番茄糊加到鍋裡，並加1玻璃杯（180毫升）紅酒。用慢火燉4~5小時，直到牛肉燉爛而且汁也濃稠到像果醬般為止。

*

義大利風味牛肉

Boeuf à l'italienne

*

先在一塊3~4磅（1.4~2公斤）的牛肉嵌上大蒜，用鹽和胡椒調味，抹上百里香和迷迭香，然後跟一片片培根肥肉綁在一起。把肉放在深的燉鍋或者陶盆裡，靠肉本身的油脂來燉，不用放油，並加2個切絲洋蔥，¾品脫（450毫升）左右的番茄糊，可以是新鮮做出來的，也可以是2大匙濃縮番茄糊加水或高湯稀釋而成，還有4根整條的胡蘿蔔，整個的蕪菁2個，1大片橙皮，1片檸檬皮和1玻璃杯（180毫升）勃艮地葡萄酒。蓋上鍋蓋，用最小火慢燉8小時左右（陶盆可以放在烤箱一整晚，煤氣開1或2檔）。

燉好之後的醬汁濃稠得近乎果醬，肉軟到彷彿入口即化，橙皮和檸檬皮完全溶解在醬汁裡。

吃的時候把胡蘿蔔和蕪菁切粗條，撒上新鮮歐芹和檸檬皮碎末，用慢火重新燉熱。

如果要吃冷盤，就先撇掉凝結的肥油，重新加熱之後放到一邊等它涼透。

*

尼斯風味紅酒煨牛肉

Boeuf en daube à la niçoise

*

3磅（1.4公斤）左右的牛大腿肉，3瓣大蒜，½磅（250公克）五花鹹肉或沒有燻過的培根肥肉，½磅（250公克）胡蘿蔔，½磅（250公克）去核黑橄欖，3個番茄，烹調用香草。醃牛肉的佐料如下：¼品脫（150毫升）紅酒，1咖啡杯（200毫升）橄欖油，1小塊芹菜，1根胡蘿蔔，4顆紅蔥頭，1個洋蔥，2瓣大蒜，胡椒粒，香草，鹽。

在小鍋內燒熱橄欖油，放洋蔥絲、紅蔥頭片、芹菜片、胡蘿蔔片下鍋，用慢火略煮1~2分鐘，加紅酒、胡椒粒、大蒜、新鮮或乾的香草（月桂葉、百里香、馬郁蘭或者迷迭香）、1~2根歐芹梗。加一點鹽調味，用慢火煮這醃肉汁15~20分鐘。煮好涼透之後才淋在牛肉上，至少要醃12小時，期間並且要把牛肉翻一兩次。

醃好的牛肉放在砂鍋或耐高溫的陶鍋裡，鍋的大小要差不多剛好容得下牛肉。把胡蘿蔔放在牛肉周圍，並加入新鮮香草以及大蒜，整片培根放在最上面，然後把濾過的醃肉汁淋在肉上。用防油紙蓋在鍋口，然後蓋上鍋蓋，放在慢火烤箱（煤氣爐3檔／320°F／160℃）裡烤半小時。之後才放去核黑橄欖和去皮切碎的番茄，再繼續烤半小時，吃之前先把最上層的五花鹹肉或培根切成塊，並把牛肉切成厚片。

這道料理充滿法國南方料理的色香味，佐以水煮的法國四季豆或菜豆，或者是麵條，土倫風味的蒜泥蛋黃拌什錦菜（見210頁），並配一瓶隆河（Rhône）流域所產的紅酒。

*

科西嘉⑬紅椒濃汁燉牛肉

Pebronata de boeuf

（科西嘉風味的濃味蔬菜燉肉）

*

約2磅（1公斤）屬於廉價的牛肉（例如後臀肉、牛腩、牛腱等⑭）切成小方塊，用橄欖油煎到略黃，加白酒以及各種香草和調味品，用慢火燉。

牛肉差不多燉好時，就加入以下的紅椒濃汁：一份很濃稠的番茄糊，加進甜椒、洋蔥、大蒜、百里香、歐芹、搗爛的杜松子、紅酒煮成的醬汁。詳細做法請參見306頁。

*

亞維農⑮風味火燒腓力牛排

Filet de boeuf flambé à l'Avignonnaise

*

每人份以1小塊腓力厚牛排為準，每片牛排配1片麵包，牛油，白蘭地，粗磨的黑胡椒，大蒜，鹽。

---

⑬科西嘉：Corsica，法國東南部島嶼。

⑭譯按：這些部位的牛肉都不是屬於嫩度高、適合做牛排的，因此在西餐標準屬於較差的牛肉，但在中國菜的標準中則未必。

⑮亞維農：Avignon，位於法國南部普羅旺斯。

先用大蒜擦遍腓力牛排，再將腓力牛排沾上鹽和黑胡椒。在鍋裡先放一點牛油，把油燒得很熱才放腓力牛排下去，熱辣辣煎到兩面焦黃為止，再加一點牛油下去，牛油一融化就澆白蘭地到牛排上使之冒出火焰，等火焰熄了就再煎半分鐘即可。

同時，另外先將麵包片用牛油炸過，每片麵包上放一塊牛排，馬上端上桌吃，吃時淋上煎牛排的汁。整個過程大約需時3分鐘左右。

*

焗牛臀肉

Culotte de boeuf au four

*

用厚片肥肉培根遍覆1塊重2磅（1公斤）的牛後臀肉，加鹽和香草等調味之後，放到砂鍋裡，淋上1玻璃杯（180毫升）白酒。用麵粉和水做成的麵團來密封住砂鍋蓋口，然後放到烤箱裡烤4~5小時。吃時佐以烤出來的烤肉汁。

*

鑲腓力牛排

Filet de boeuf à l'Amiral

*

5~6個洋蔥切絲，用肥油⓰炒過；從鍋裡取出之後加入4~5條切碎的鯷魚肉、2大匙切碎的培根、適量胡椒、百里香、馬郁蘭、歐芹、2個蛋黃。

把整塊的腓力牛排切片，但不要切到底，而使之底部相連，然後在每片之間放些上述準備好的餡料，之後將整塊腓力牛排合攏綁好，放到有蓋的鍋裡，加上肥油，然後放在烤箱裡用慢火烤。

⓰譯按：指烹煮肉食（尤其是烤或煎）所產生的油脂。

豬肉類

「豬——是不潔動物中最不潔者；然而其帝國卻遍及全球，其優點也最無可爭議的；沒有了牠，就沒有豬油，到頭來就沒有烹飪可言，沒有牠，就沒有火腿，沒有粗香腸，沒有內臟香腸，也沒有黑色的豬血腸，到頭來也不會有豬肉食品店——忘恩負義的醫生們！你們譴責豬；其實在消化不良方面，牠是你們最珍貴的東西。——里昂和特瓦⓱的豬肉加工比其他任何地方都要好。——豬腿和豬肩使得馬永斯和巴詠⓲兩座城市致富。豬的一切都是好的。——想到這點，我們就忘了豬的名字是用來罵人的粗話！」

——摘自Grimod de la Reynière所著《美食曆》（*Calendrier Gastronomique*）

⓱特瓦：Troyes，位於法國東北部香檳區城鎮。

⓲馬永斯：Mayence，即Mainz，德國中西部萊茵蘭—巴拉丁州首府，萊茵河左岸港口，曾於「三十年戰爭」中被瑞典和法國占領；巴詠：Bayonne，法國西南部大西洋—庇里牛斯省城鎮。在尼沃（Nive）和阿杜爾（Adour）河匯合處，距河口8公里。

*

烤豬蹄膀佐馬鈴薯泥

Rôti de porc à la purée de pommes

*

在法國，肉舖賣豬里脊肉或蹄膀通常是去掉豬皮以及部分肥肉(因此法國人不像我們在英國這裡那麼重視烤豬肉的脆皮，而豬皮是另外分開賣，用來增加燉鍋和湯的油水)。這種方式使得豬肉沒那麼肥膩，也比較容易烹調。先在肉上用刀尖戳1~2個洞，塞入1~2瓣大蒜，用香草（馬郁蘭、百里香或者迷迭香）調味，放進烤箱用慢火（240~310˚F／115~155℃／煤氣爐¼~2檔）烤到熟。吃時佐以很柔滑的馬鈴薯泥，馬鈴薯要先淋上一些烤蹄膀所滴出的肥油。

*

火烤醃豬排

Pork chop marinated and grilled

*

用大量新鮮香草，例如茴香、歐芹、馬郁蘭或百里香，和大蒜一起切碎之後，撒在豬排上，加上鹽和新鮮磨出的黑胡椒粉調味，並淋一點橄欖油和檸檬汁。讓豬排這樣醃上1~2小時，然後用火烤熟，吃時佐以綠葉生菜沙拉，但不要用沙拉醬汁拌生菜，而用火烤豬排時滴到接油盤裡的香草以及烤肉汁。

*

嫩豌豆豬排

Filet de porc aux pois nouveaux

*

做這道料理，需要買嫩里脊肉，放到鍋裡加上培根肥肉和洋蔥以及1束綜合香草，蓋上鍋用慢火燉。快要燉好時，將里脊肉取出切片，在每片里脊肉之間放一層嫩豌豆泥，豌豆泥是跟洋蔥和萵苣心一起煮熟後壓成。將豬排重新加熱並淋上貝夏梅白醬汁。等到要上菜之前，將1個打成泡沫的蛋白淋在整塊豬排上蓋住，撒上麵包粉，放到烤箱裡烤到蛋白發起來呈現焦黃色，如同酥芙蕾般即可。（譯自 Paul Reboux 所著《新式菜餚》〔*Plats Nouveaux*〕）

*

吃起來味同野豬肉的豬排做法

Filet de porc en sanglier

*

3½磅（1.6公斤）嫩里脊肉或去骨後腿肉，用醃料浸8天，醃料如下：葡萄酒醋（這是從前口味很重的年代所流傳下來的食譜，那時偏好醋味濃烈的醃法。如今用紅酒或白酒，加上1~2大匙葡萄酒醋，這樣的做法比較合適）加鹽、胡椒、芫荽籽、杜松子、2瓣大蒜、1枝百里香、1片月桂葉、丁香、1枝羅勒、1枝鼠尾草、薄荷和歐芹。醃肉期間每天都要翻轉肉塊。醃好之後取出抹乾淨肉身，放進很熱的烤箱（450~480˚F／235~250℃／煤氣爐8~9檔）先烤15分鐘，然後再用中火（320~370˚F／160~190℃／煤氣爐3~4檔）烤2小時。上菜時在烤肉周邊擺上栗子泥，並伴以1盅獵人醬汁。

*

獵人醬汁

Sauce chasseur

*

將上述醃肉用料煮到原來分量的⅓。用2盎司（60公克）牛油炒黃2盎司（60公克）麵粉，加1玻璃杯（180毫升）高湯煮成麵油糊，將濃縮醃肉料以及烤肉滴出的肉汁加到麵油糊中，可以的話，再加2中匙鮮奶油。要趁很熱的時候吃。

小山羊肉

在地中海所有地方都非常喜歡吃小山羊肉，尤其是比較原始落後的地區如科西嘉以及希臘島嶼。爲何這種動物在英國會受到歧視，這可就難說了，而且只有那些完全不懂美食的人才會到了國外就以爲所吃的肉都是用馬肉和山羊肉來矇混他們的。小山羊肉的肉質和小牛肉、牛肉或羊肉很不一樣，何況法國和義大利廚師也沒必要假稱他們給客人吃的是綿羊肉而實際上卻是山羊肉。

同樣道理，外國人去到中東地區，通常也會聽到他們抱怨說吃到的是駱駝肉而不是牛肉。要是他們眞的吃過駱駝肉，就會很快知道其中的分別。

小山羊最好吃的做法，就是用鐵扦穿上懸在柴火上烤熟，用濃味蔬菜燉肉的方法來做也很好吃，放紅酒、番茄和大蒜一起燉，或者切小塊串在烤扦上像希臘人做串燒的做法，放在烤架上用火烤熟。

科西嘉人有一種做法是，把小山羊肩肉鑲上餡料，餡料是用剁碎的小牛肉和豬肉、小山羊肝、菠菜等混成，加上蛋黃汁使之黏結。鑲肩肉烤好之後，佐以栗子糕（polenta de castagne）。這種栗子粉在科西嘉烹飪上使用很廣泛，用它來做蛋糕、煎薄餅、羹湯、帶餡油炸麵團以及醬汁等等。

野豬肉

嚴格來說，野豬當然應該算野味才是，不過由於在英國很罕見，所以我把它列到畜肉類來，希望可以讓人嘗試這個食譜，誠如諾曼．道格拉斯先生所建議：用塊羊脊肉，或者可以用鹿肉，甚至用豬腿肉來做做看。

*

野豬脊肉料理

Saddle of boar

*

「先把野豬脊肉修整一番，使之有好看形狀；加鹽和胡椒調味，用醃料浸上12~14小時，醃料用1公升（將近2品脫）無甜味白酒加以下調味品而成：

100公克洋蔥末

100公克胡蘿蔔末

2個蒜頭

1棵芹菜頭切片

1片月桂葉

2顆丁香

10公克黑胡椒

1小撮歐芹和百里香

「要經常去翻動肩肉，以便肉塊醃得入味。

「醃好之後，放到燉鍋裡，加上前述的調味蔬菜，並加100公克（3~4盎司）左右的牛油用慢火燉，並不時把肉周圍的汁液澆到肉上面，等到燉得差不多時，就用燉出來的肉汁澆在肉上。燉的時間大約2小時，視肉塊大小而調整時間。燉好之後從爐上拿開，並濾掉燉汁裡的其他配料。

「以下這道又熱又濃的醬汁也要同時準備好：

「在煮鍋裡放30公克的砂糖燒到融化焦黃；然後加入1玻璃杯（180毫升）波爾多紅酒／1玻璃杯葡萄酒／醋，使之燒滾。這時加入上述過濾的燉汁，並加入25公克烤過的松子，以及葡萄乾、切成小塊的糖漬枸櫞⓳、無子葡萄乾（先用水泡過）各20公克，以及100公克最好的巧克力粉。用小火煮勻這些佐料，如果不夠稠的話，就用一點馬鈴薯粉勾芡。

「野豬肉和醬汁都盡量趁熱吃，愈熱愈好。肩肉一定要馬上切片，把醬汁淋在肉片上。配上簡單而不喧賓奪主的配菜例如栗子泥或扁豆泥——不要配馬鈴薯泥，因為缺乏特色風味——是最相宜，然後

⓳枸櫞：citron，類似檸檬，汁液酸苦不能直接食用，通常用來做蜜餞，果皮厚香，往往糖漬之後用於做蛋糕等食品。

再來一瓶很夠勁的紅酒，跟這樣膩的醬汁才真是天作之合。

「『這可不是天天吃得來的菜，』或許有人會這樣說。那是不用說的了。人活得愈久，就愈了解到沒有什麼是天天吃得來的菜。再說要是有人肯花這麼多麻煩功夫用這方法去做羊肩肉的話，一定會很對於做出來的結果大感驚喜的。不過我擔心大概要烤這畜生烤到地老天荒、海枯石爛了。」[20]

為了方便勇於嘗試諾曼·道格拉斯先生這道絕妙食譜的人，我將他所用的分量轉換如下：

1¾品脫葡萄酒，洋蔥末和胡蘿蔔末各3盎司，⅓盎司黑胡椒，3盎司牛油，1盎司糖，將近1盎司烤過的松子，葡萄乾、切成小塊的糖漬枸櫞、無子葡萄乾（先用水泡過）各q盎司，3盎司巧克力粉。

[20] 原注：引用自諾曼·道格拉斯所著《希臘文集中的鳥獸》（*Birds and Beasts of the Greek Anthology*）。

飽實料理

一頓難忘的葡萄牙宵夜

「看完戲散場之後，我們急忙回到宮裡，穿過黑暗中的重重門廳和門房（做盤查的人個個都相當疲憊且充滿睡意），一進到擺了宵夜的廳裡時，被燦爛燈光一照，耀眼欲盲。在這廳裡除了見到老侯爵原本只以爲會見到的馬利亞瓦家族之外，還有宮女，以及五、六個地位很高的母夜叉，正狼吞虎嚥吃著各式色香味俱全的菜餚。我猜大概從特茹河上習習吹入宮廷窗內的涼風發揮了威效，使得人人胃口大開，因爲我還沒見過比這些正在吃喝的男女對桌上餚饌更勇於下手的，連我們在巴黎那位老相識女會長也望塵莫及。毫無疑問，這是頓大餐，相當豐盛的筵席。桌上有梅子椰汁乳凍糕和皇家乳凍糕，在各種佳餚之中還有一道非常對我胃口的雞肉飯，也難怪，原來是伊莎貝拉·卡斯特羅夫人在王后寢宮相連的精緻小廚房裡用她那雙巧手匆匆做出來的，廚房裡的所有器皿全都是白銀製成的。」

——摘自Guy Chapman編輯之《貝克福德的旅行日記》（*The Travel-Diaries of William Beckford of Fonthill*）❶

---

❶貝克·福德：William Beckford of Fonthill，1760~1844，英國小說家，出身富豪。1796年開始在豐希爾（Fonthill）營造豪華的哥德式住宅，他像隱士一樣住在裡邊，閱讀他所收購的吉朋（Edward Gibbon）的藏書。由於生活奢侈，他於1822年被迫賣掉房地產。

*

洋菇義大利燴飯

Risotto with mushrooms

*

這是形式很簡單的義大利燴飯，不用說，還可以加各種配料——雞肉片、煎雞肝、牛骨髓等。此外要留意一點是，做義大利燴飯要用義大利米來做，那種吸水性強的圓粒米；其他的米都不宜用來煮義大利燴飯❷，長粒型的巴特那米用來做這料理完全就是浪費，因為這種米不大吸水，做出來的義大利燴飯又硬又容易碎裂，若用品質差或者小粒型的米，結果煮出來會像布丁似的一團糊。

材料需2杯義大利米，2品脫（1.2公升）雞高湯，1個中等大小洋蔥切末，2瓣大蒜，1酒杯（150~200毫升）橄欖油，¼磅（125公克）白洋菇切片。橄欖油倒入厚重型的煎鍋裡燒熱之後，放洋蔥末、大蒜和洋菇片下去炒，一等到洋蔥炒到略黃，就放米下鍋，炒到米轉為有點透明感，這時就該加高湯了，高湯要先放爐旁保持滾燙程度。每次加2杯分量，一面加高湯一面攪拌，攪到米吸收掉所加的一次分量，才再加下一次的分量。加湯煮米的過程要用小火，所需時間為45~50分鐘，燴飯就應該煮好了。煮好的義大利燴飯應

---

❷譯按：台灣的蓬萊米或日本米頗接近作者所提的義大利米，但不盡相同，不過可以用這兩種米來嘗試做義大利燴飯。

該有點黏呼呼的，渾然一體，但絕對不是如爛稀飯般。雖然煮出來的米粒不像中東燴飯那樣是一粒一粒分開的，而是有點黏在一起，但吃起來還是可以吃出一粒粒米。吃時要加刨碎的巴爾瑪乾酪，而且有時是端上桌之前先拌入乾酪。無論哪種吃法，總之義大利燴飯一定要煮好就馬上吃，無法用烤箱加熱及其他任何方式保溫，否則味道就不好了。

*

海鮮義大利燴飯

Risotto aux fruits de mer

*

做4人份燴飯所需的材料是：

4~5品脫（2.4~3公升）淡菜，1品脫（600毫升）斑節蝦，½磅（250公克）米，1玻璃杯（180毫升）白酒，2顆紅蔥頭或1個小洋蔥，1瓣大蒜，刨碎的乳酪，橄欖油，黑胡椒，2~3個番茄，1個綠色或紅色的甜椒。

淡菜洗淨，用2品脫（1.2公升）水加白酒、1瓣大蒜和紅蔥頭末、磨碎黑胡椒去煮。煮到開殼後，將煮出的湯汁濾到盆內先留著，然後剝去淡菜殼和斑節蝦殼。剝好之後，把盆內的湯用紗布過濾後倒進鍋裡燒熱。在厚重型的鍋裡放一點橄欖油燒熱，油的分量剛好可以淹及整個層面，然後炒蒜末或紅蔥頭末；接著放米一起炒，炒到米粒油亮為止，小心不要讓米黏鍋；這時加1大杯煮淡菜的高湯，這湯一定要先在爐上燒到滾燙才行；這大杯高湯被米吸收了之後，才再加些湯；煮米的時候無須不停攪拌，但火要小，而每次加湯時都要攪拌；等到米煮到開始膨脹煮熟，加湯的分量可以增加，這時就要小心不要讓米黏鍋。

與此同時，另起油鍋，用一點橄欖油炒番茄和甜椒，等到米煮軟了就把淡菜和斑節蝦加進去燒熱；燴飯快煮好時，最後才加炒好的番茄甜椒，輕輕跟燴飯拌勻。刨碎的乾酪另外分開一起端上桌，要是你喜歡用幾個帶殼淡菜點綴在燴飯上的話，倒是非常好看。

*

西班牙瓦倫西亞❸海鮮飯做法之一

Paëlla Valenciana I

*

這道馳名的西班牙飯有無數版本做法，所有做法唯一必備材料是米和番紅花；其餘特色則為豬肉、雞肉、甲殼類海鮮等等的混合，但卻非一成不變。以下是一位西班牙朋友給我的食譜，做法簡單但是風味道地。

---

❸瓦倫西亞：Valencia，西班牙東部地區名，著名的西班牙海鮮飯paëlla源地，以大型雙柄淺鍋烹調，傳統上都在室外生火烹煮，據說乃當地漁夫烹煮漁獲充飢而發明的料理。

首先，用來煮西班牙海鮮飯的容器大小和形狀很重要：應該要用闊口、圓形淺身平底鍋——如果用瓦斯爐或電爐的話，就用厚重型的平底鍋——（就以下食譜所列出的4人份海鮮飯而言）直徑約為10~12吋（25~30公分），鍋身約2吋（5公分）深淺，起碼有4品脫（2.4公升）的容量。

最典型的西班牙海鮮大鍋飯，也就是這道飯「paëlla」名稱來源，就是一種雙耳或雙柄鍋，看是陶製或鋁製，或者是厚鐵製而已。厚重型的長柄大炒鍋或煎鍋只要是容量空間差不多大小的，也一樣好用。

材料如下：

1隻重約1½磅（750公克）用來做烤雞的全雞，或者半隻大雞，½品脫（300毫升）帶殼斑節蝦，或者4盎司（125公克）斑節蝦仁，又或者是6尾地中海大斑節蝦，12條法國四季豆（約2盎司／60公克），2茶杯（10~12盎司／300~350公克）的瓦倫西亞米（這種米可以在西班牙食品店Ortega買到，地址是：74 Old Compton Street, Soho。但是義大利的阿波里歐米❹或品質很好的巴特那米都可以用來煮這料理），2個番茄，以及用來調味的番紅花、紅圓辣椒粉（pimentón，這是西班牙版本的紅圓辣椒粉〔paprika pepper〕，也可

---

❹阿波里歐米：Arborio rice，義大利米，粒大，類似中短米，腹心有白點，吸水性良好。

以就用後者)，鹽和鮮磨胡椒，還有煮海鮮飯用的橄欖油。

雞斬成約8大塊，鍋裡燒熱4大匙橄欖油，把雞放下去煎，加適量鹽和胡椒，用文火煎12分鐘左右，主要煎雞皮部分，而且要煎成很好看的金黃色。煎好取出放在盤裡。

番茄去皮切小塊，利用煎過雞的油鍋繼續煎番茄；加1小匙紅椒粉炒勻之後，加2品脫（1.2公升）水。水燒滾時，把煎好雞塊放下去，用慢火煮10分鐘，加米、斑節蝦（西班牙廚子是不剝蝦殼的；這跟口味有關。我個人比較喜歡用蝦仁)，還有摘去頭尾、掐斷成1吋長的四季豆。繼續用慢火再煮15分鐘；這時撒½小匙番紅花粉和一點鹽。再過5~7分鐘米就應該煮成飯了，不過時間的掌控要視米本身特質以及鍋子的大小厚薄等等因素。要是米還沒煮熟，水分就蒸發乾了，那麼就再加一點水。反之，飯已經煮好但鍋內還有很多水分的話，就把火加大，用猛火很快把湯汁收乾。最後再嘗嘗鹹淡，酌量加調味品，然後整鍋端上桌取用。

煮好的飯應該是很漂亮的黃色，飯粒雖然濕潤，但卻是一粒粒分開的。如果需要攪飯的話，用把叉子去攪，不要用匙羹，因為後者可能會把飯粒弄碎。

以此種做法的飯為基本，還可以再加其他配料例如醃肉丁、淡菜，或其他你喜歡的甲殼類海鮮，以及朝鮮薊心、嫩豌豆、甜椒、肉腸、蝸牛、兔肉等。還有，傳統上吃海鮮大鍋飯是用匙羹的，但如今更常用叉子來吃。不過吃這料理應該不需用餐刀的。

在西班牙東南部地區的瓦倫西亞和阿利坎特（Alicante），海鮮大鍋飯是備受喜愛的星期日午餐料理。夏季期間，鄉間和海邊的餐館都會為了迎合本地客和暑假遊客而賣這海鮮大鍋飯，星期天的生意都非常好。到了下午很晚的時候，亦即名不符實所謂的「午飯時間」終於結束時，就會見到一排排金屬煮飯鍋，大小齊全，擦洗乾淨閃閃發亮，一行行緊排在一起，擺在廚房外面或中庭裡等太陽曬乾。

*

西班牙瓦倫西亞海鮮飯做法之二

Paëlla Valenciana II

*

雞，培根瘦肉，橄欖油，大蒜，番茄，磨碎的紅圓辣椒，蔬菜，蝸牛，鰻魚，米，番紅花，淡水螯蝦。

做法：選一隻中等大小的雞，斬成14~16塊，加鹽調味。在中等大小的砂鍋裡放75毫升（2½盎司）橄欖油，油燒得很熱時，把雞塊放下去略微煎一下，並加幾塊培根瘦肉，大約煎5分鐘。然後加入1個去皮切塊的小個番茄、1瓣切碎的大蒜、法國四季豆，以及2個葉片朝鮮薊（如果買不到四季豆或朝鮮薊，可代以豌豆）。接著加1小匙磨碎的紅圓辣椒和400公克（約13盎司）的米，這些全部先炒過，加1公升（差不多2品脫）的熱水。水燒滾時，加一點番紅花、8小段鰻魚和1打蝸牛，並加鹽調味。

米煮到半熟時，加淡水螯蝦去煮，以每人份2隻為計。

要用中火來煮飯，煮2~3分鐘之後，改用慢火再煮10~12分鐘，這樣煮，飯才能煮到最好。如果你有烤箱，可以放到烤箱裡把飯烤乾，但最典型的做法是把砂鍋放在慢火上再煮個2分鐘。

要是買不到雞，可以改用任何野禽或家禽。萬一肉質不嫩的話，海鮮大鍋飯的煮法還是照前面講的，只不過改為先把肉煮1小時，然後才放事先炒過的米下去煮。

這是4人份的量。

這道食譜是來自於倫敦Swallow Street的Martinez餐廳，最先刊印食譜的是美酒與美食協會，承蒙該會惠准，因此得以另行刊印於此書中。

*

加泰隆尼亞燴飯

Arroz à la catalane

*

½磅（250公克）米，2~3盎司（60~90公克）西班牙香腸❺，2盎司（60公克）豬油，2個大個番茄，½磅（250公克）嫩豌豆，2個朝鮮薊，2個紅甜椒，1條魷魚，1打淡菜，幾顆杏仁和松子，2

---

❺作者按：西班牙香腸（chorizos）可以在Gomez Ortega店買到，地址：74 Old Compton Street, W1。

瓣大蒜，1個洋蔥，番紅花，歐芹。

在大砂鍋裡先燒熱豬油，然後把切成小塊的豬肉和香腸放下鍋去，加上洋蔥絲一起炒1~2分鐘，接著加洗淨切片的甜椒、番茄、魷魚。用慢火煮15分鐘，加米、豌豆、煮熟去殼的淡菜、對切成4塊的朝鮮薊心、大蒜、杏仁和松子、番紅花，並加2品脫（1.2公升）的滾水，讓這鍋燴飯先滾幾分鐘，然後改用慢火煮到米變軟。整鍋端上桌取用，並點綴以歐芹。

*

熱那亞焗飯

Genoese rice

*

½磅（250公克）米，1個洋蔥，橄欖油或牛油，1磅（500公克）新鮮豌豆，幾朵乾洋菇❻，½磅（250公克）粗香腸❼，2品脫（1.2公升）肉或雞高湯，刨碎的巴爾瑪乾酪。

洋蔥切碎，厚重型鍋內放3大匙橄欖油或1盎司（30公克）牛油燒熱，放洋蔥下去炒到略黃時，再放香腸丁、3~4朵乾洋菇，乾洋菇先用熱水泡過10分鐘，並放剝莢豌豆，將事先加熱的高湯倒入鍋

---

❻譯按：由於時代背景不同，當年不易取得新鮮洋菇時以乾洋菇代替，如今直接用新鮮洋菇即可。

❼譯按：此處所列country sausage即bulk sausage，通常灌製如漢堡般，易於切成大片。

內，用慢火煮。與此同時，用大量滾水加鹽煮米5分鐘，然後取出濾去水分，把煮過的米加到湯鍋裡，用慢火煮到收乾了大部分水分，但飯絕對不可煮到很乾。這時加1大把刨碎的巴爾瑪乾酪拌勻，把整鍋燴飯倒進相當深的耐高溫盤裡，在飯面上再撒些乾酪，然後放進中溫（320~370℉／160~190℃／煤氣爐3~4檔）烤箱裡烤20分鐘，直到飯面結成金黃色脆皮為止。

*

蘇來曼中東燴飯

Suliman's Pilaff

（最令人稱心滿意的料理之一）

*

在厚重型鍋裡放3~4大匙肥油或橄欖油，油燒熱之後，放2杯米下去炒幾分鐘，炒到米略呈透明感。然後注入約4品脫（2.4公升）的滾水，用大火煮12分鐘左右。煮的時間要看米而定，而寧可煮生一點也不要過熟。

與此同時，一面準備滋味配料如小塊熟羊肉、炒過的洋蔥、無子葡萄乾、大蒜、番茄，如果弄得到松子最好，不然烤些杏仁也可以，把這些配料通通用肥油炒過，並加足量調味品。

把煮過濾掉水分的米改放到厚鍋裡，把洋蔥炒肉等加到米裡拌勻，必要的話就再加一點肥油，用慢火煮幾分鐘，邊煮邊攪，之後就可上桌了。

吃這道中東燴飯時，要有一碗酸奶油或優格一起上桌，用來拌飯吃。

煮飯方法

煮飯方法很多，而且很多人都有自己最愛的煮飯方法。在這裡列出的是我向來用的方法，而且屢試不爽，非常簡單，煮出來又好。

第一步：每人份以2~3盎司（60~90公克）的米量爲計，米不要洗過。

第二步：備有一口很大的煮鍋（容量不得少於6品脫／3.6公升，這是用來煮8盎司／250公克的米），裝滿用大火燒滾的鹽水。

第三步：米放進鍋裡，再讓它燒滾，並用大火繼續滾15分鐘。確切時間則要看米本身特點、火力大小等等因素而定，唯一可以確定的辦法，就是你自己嘗嘗看米煮熟了沒有。煮熟之後把米倒進漏盆濾掉水分，搖動漏盆以便瀝乾水分。

第四步：煮米的時候，就先把烤箱燒熱，並備好一個烤熱的盤子（最好是淺身耐高溫的大托盤，可以用它裝飯直接端上桌的）。滴乾米的水分之後，就把它倒進這個熱盤裡，熄掉烤箱溫度，由得這盤飯在烤箱裡擺3~4分鐘烤乾水分。不要開烤箱去烤它，否則飯粒會變硬又易碎。

如果是要當白飯來配菜的話，煮米時在水裡加半個檸檬味道會更好。

*

玉米糕

Polenta

*

玉米糕是用磨碎玉蜀黍做成的飲食；可以當飯吃，但也是非常棒的料理，以下的食譜是義大利北部食指浩繁大家庭所採用的做法。

1磅（500公克）玉米糕足夠餵飽6個飢餓的人。首先用個厚重大鍋燒滾加鹽的水；水滾後放粗玉米粉，一點點加到鍋裡，邊加邊攪，以免玉米粉結塊，並且再加鹽和胡椒調味。大概需時30分鐘左右就可煮好，等到煮成很稠的糊狀時（頗似用豌豆乾煮成的豆糊），就倒在一塊很大的木板上，玉米糊漸漸就形成約¼吋（0.6公分）厚的結層。然後在這層玉米糕上澆上熱呼呼很滋味的番茄醬汁或肉醬汁（見波隆那肉醬麵的肉醬做法），再撒上刨碎的巴爾瑪乾酪，之後就整塊木板擺到餐桌中央，一家大小直接從木板上盛玉米糕到自己盤裡。吃剩的部分就拼湊修割成吐司麵包般大小的方塊，用很小的炭火來烤；上層的醬汁和乳酪保持原狀，但底層接觸炭火部分則會烤成焦黃，非常美味。

煮義大利乾麵的方法

買進口的義大利乾麵❽。除非你想把這麵煮成布丁狀，否則不要折斷麵條。以每人份2盎司（60公克）乾麵爲計；用一口很大的煮鍋，容量起碼有8

品脫（4.8公升），這是用來煮½磅（250公克）乾麵的。鍋裡的水要放足量鹽，用大火很快燒滾，水滾後下麵，煮麵時間從12~20分鐘不等，視麵本身特質而定❾。先準備好燒熱的盤子，最好是這盤子可以直接放在小火上燒熱的，煮好的麵就放到這盤裡，盤底要先抹一層上好橄欖油。

把瀝去水分的麵放到這盛麵盤裡，像拌沙拉一樣拌一下，大概1~2分鐘就夠了，如此麵條就會沾上一層橄欖油，呈現誘人光澤，而不至於看來像一堆常見的麵糊般東西。

最後，要是你這麵是要做成經典的波隆那肉醬麵的話，也就是說，要加上濃厚的番茄洋菇醬汁（見295頁），那就要充分調好味道，醬汁夠濃量要夠，還要伴同滿滿一大碟刨碎的乾酪上桌。

*

拿波里❿麵

Neapolitan spaghetti

*

拿波里人常喜歡吃麵就只放橄欖油和大蒜：不放醬汁也不放乳

---

❽作者按：自從本書寫成之後到現在，英國生產義大利乾麵已有長足進步，如今市面上已經可以買到很好的英國製的義大利乾麵。

❾譯按：如今市面上可以買到的義大利麵皆會註明烹煮該麵所需時間，一般因麵的粗細不同，通常烹煮時間爲7~12分鐘，與作者當年煮麵已大有差異。然中國人較喜吃煮得比較軟的麵條，因此不妨按照包裝上的指示再多煮幾分鐘時間。

❿拿波里：Napoli，義大利南部港市。

酪。

麵快要煮好之前，用另一個小鍋放1杯特級橄欖油，幾瓣略微切碎的大蒜，等到橄欖油燒熱時，就立刻將它澆在已經煮好瀝乾水分放在菜盤裡的麵條上，然後拌勻即可。

*

拿波里鮮茄醬汁麵

Neapolitan spaghetti with fresh tomato sauce

*

這是拿波里人最愛的另一種吃麵方式。在炒鍋裡先燒熱一點橄欖油，然後放1磅（500公克）非常紅的熟透去皮番茄（不然就用1罐頭的義大利去皮番茄，這也是很好的替代品），只煮幾分鐘，煮到番茄變軟但不爛糊，加一點蒜末、鹽和胡椒，以及1把略微切碎的新鮮甜羅勒或歐芹。醬汁一煮好就澆到煮好的麵上。

*

西西里麵

Spaghetti à la sicilienne

*

照常煮好¾磅（375公克）乾麵條。煮麵時做好以下準備功夫：4片培根切成大塊，¼磅（125公克）洋菇，½磅（250公克）洋蔥切碎，2瓣大蒜切碎，1把去核黑橄欖，4條鯷魚肉。先用豬油把洋蔥炸到香脆，加進其他所有配料，並加1把略微切碎的歐芹，煮幾分鐘。備好一個熱菜盤，盤裡放1大匙橄欖油，麵煮好瀝乾水分之後，放到盤裡跟橄欖油拌勻，把洋蔥配料澆在麵上堆成厚厚一層，趁熱辣辣時趕快吃，並另外加刨碎的巴爾瑪乾酪。

*

雞湯麵

Noodles in chicken broth

*

照常煮麵，但煮8分鐘就好，取出瀝乾水分。

另外用一個鍋放1½品脫（750毫升）熬得很好的清雞湯，湯燒滾之後，把麵放下去改用慢火煮到熟為止。然後加進西西里麵的洋蔥配料（上述做法）以及炒這配料的油。

把麵盛在湯盤裡吃，每盤要加大量湯料，並加上刨碎的乾酪。

*

胡蘿蔔小牛肝

Foie de veau aux carottes

*

1½磅（750公克）小牛肝，2個洋蔥，3磅（1.4公斤）胡蘿蔔，1片豬網油。

豬網油用熱鹽水浸泡5分鐘。牛肝切片，加調味品，用豬網油包紮住，跟切碎的洋蔥一起放到鍋裡用牛油煎到呈現金黃色時就取出，用煎牛肝滲出的汁做底汁，做成西班牙醬汁（espagnole sauce，見290頁），但只煮20分鐘就好。胡蘿蔔切成圓片，將西班牙醬汁倒在厚鍋裡，醬汁在最底下，其上放胡蘿蔔，胡蘿蔔放完再放牛肝，牛肝依然用豬網油包紮住。蓋上鍋用最小的火煮2½小時左右。要端上桌之前才解掉包住牛肝的豬網油。

用這方法燜出來的牛肝也很適合用來鑲番茄、茄子等。

*

土魯茲⓫白豆什錦砂鍋

Cassoulet toulousain

*

法國各地烹飪所產生的最了不得的料理之中，這道白豆什錦砂鍋堪稱最典型的真正鄉村飲食，乃理想農家廚房裡慢工細活燉出的道地、豐盛、鄉土風味、非常滋味的料理。又深又闊的砂鍋裡，表層是鬆化、金黃香脆的白豆，底下藏著蒜味豬肉腸、燻培根、醃豬肉、鵝油浸的鵝翅或鵝腿，也或許有塊羊肉或兩隻豬腳，或者半隻鴨，以及幾塊豬皮。豆子燉得很爛、多汁，但卻不爛糊一團，砂鍋熱氣騰騰從烤箱裡端出到桌上時，蒜味、香草味香氣四溢。法國的小說家、美食家、廚師對這白豆什錦砂鍋衷心地發出連篇褒揚，而

⓫土魯茲：Toulouse，法國西南部城市。

其名聲不僅響遍法國西南部，更由這個發源地傳到外地，先是傳到巴黎的餐廳，再傳遍法國各地；最近在我們國內也獲得了某程度的歡迎，要招待頗多人吃飯而又省事省錢，這道料理無疑看來就是最誘人的解決方法了。

然而道地的白豆什錦砂鍋可絕不是廉價料理，所用材料也不易取得。你只要想想，在農產豐富的隆格多克地區，每個農民老婆伸手就可取得所需材料，廚房裡吊掛著成串香腸和火腿，貯藏架上擺著一罐罐鵝油或豬油浸著的鵝肉和豬肉，你就明白這什錦砂鍋是怎麼來的了；完全是善於利用當地所產材料，發揮到極致而產生的；但如果你得要出門到處去張羅這些材料的話，所費就很高了（不僅在英國如此，在法國也一樣）。儘管還是可以憑著不太貴的花費做出挺好吃的料理，但卻應該記住一點，罐頭白豆加上香腸裝在砂鍋裡端上桌來，唉！這並不足以成為白豆什錦砂鍋。

還要記住一點，白豆什錦砂鍋是很肥膩又飽脹的料理，所以宜於冷天冬季時吃，最好是午飯時候吃，而且要挑大家飯後都沒什麼活動要進行的日子。

做6人份的材料需要：12磅（750公克）品質很好、中等大小的白豆（奶油豆⓬不宜，因為太粉了），1磅（500公克）豬腩肉，1磅

⓬奶油豆：butter bean，即利馬豆，Lima bean，腰形白綠或乳白的豆子，亦稱馬達加斯加豆，因該島產量大，但眞正原產地在南美洲。

（500公克）羊胸肉，¼磅（125公克）新鮮豬皮，沒有豬皮就改用火腿或培根，1磅（500公克）新鮮、粗粒蒜味香腸（不是乾肉腸，而是法國和歐洲大陸的熟食美食店所出售用來煎或煮的香腸），2~3塊鵝油浸的鵝肉（在英國，就用½隻鴨來代替，或者乾脆就不要這樣材料），1磅（500公克）便宜的燻醃豬後腿，2~3瓣大蒜，香草，3盎司（90公克）烤鵝肥油或者豬油，1個洋蔥。

豆子先浸泡一晚，之後放在大砂鍋或煮鍋裡，加洋蔥、大蒜、豬皮，燻醃豬後腿肉、綜合香草束（月桂葉、百里香、歐芹）。加水醃過這些材料，然後放進慢火烤箱（240~310℉／115~155℃／煤氣爐¼~2檔）烤4~5小時，或者放在火爐上用小火燉1½~3小時（煮的時間長短主要視豆子品質而定）。等到最後快要煮好時才加鹽。

與此同時，在烤肉接油盤裡烤豬肉和羊肉（如果你採用鴨子就烤鴨）。

白豆快煮好時，就把所有肉類、豬皮和香腸都切成大小適中一塊塊，跟白豆一層層交錯擺在一個深的砂鍋裡，然後把煮白豆的湯汁加進去，大概加到這些燉料的一半就好。砂鍋不用蓋上，整個放到烤箱裡用中火（320~370℉／160~190℃／煤氣爐3~4檔）烤到大功告成為止。最後這烤的階段可以配合你的方便而延長時間，把熱度調低就行了。烤好時，表層的豆子會結成棕色脆皮，把這層脆皮輕輕跟其他部分攪拌在一起，讓它再烤出一層脆皮。烤出之後，依然攪拌入其他部分，等到第三層脆皮烤出來時，白豆什錦砂鍋就可以準備上桌了。有時在放進烤箱之前先撒一層麵包粉，因此會加快烤出什錦砂鍋的脆皮，而且萬一你加了太多湯汁，麵包粉也可以吸收過多的汁液。吃時要讓在烤熱的盤子裡，佐以新釀成的紅酒，吃完後可再吃個青菜沙拉和很好的乳酪作結。

*

福豆，又稱埃及棕豆之做法⓭

Fool or Egyptian brown beans

*

福豆（棕豆）是埃及農民的主食。1磅（500公克）這種豆子加6大匙赤扁豆（red lentils）洗淨放進砂鍋或銅鍋裡，加3杯水，燒滾之後就擺到微火炭爐上好幾個小時——通常是整晚。必要的話就再添點水。豆子煮好之後才加鹽，盛到盤子裡之後再淋上橄欖油，有時也佐以煮得很老的蛋。鍋蓋要盡量打開一點點，不然豆子會煮得發黑。

我用現代爐具⓮煮埃及乾棕豆（如今可在蘇豪區的商店買到這種豆子）的方法如下：先用冷水浸泡½磅（250公克）豆子12小時左右。把豆子放到一個砂鍋裡，加清新冷水蓋過豆子（約¾~1品脫／

⓭譯按：作者此處所稱「fool」乃「ful medames」豆，福美達美斯豆，俗稱「埃及棕豆」，比蠶豆小顆，但非常近似蠶豆，故可用乾蠶豆來做爲取代材料做這道料理。

⓮譯按：此指上面有爐嘴下面有烤箱的西式爐灶。

450~600毫升），蓋上鍋放到烤箱裡，盡量用最低熱度，由得這鍋豆子擺上整天或整晚而不去動它，要不然也至少擺7小時。等到豆子相當軟了，水分也差不多吸收掉了，就倒入淺身大碗或盤子裡，加鹽調味，用大量果香馥郁的橄欖油和檸檬汁調和——若可以用青檸⓯的話就更好。另外配以一碟煮得很老的雞蛋一起端上桌。這道料理很飽肚子，營養豐富，而且價廉。東方食品店也可以買到罐裝已經煮好的埃及棕豆；用這豆罐頭是可以節省煮豆子的時間，但還是要花相當功夫去煮，當然，也要行禮如儀地加上橄欖油和檸檬汁。

*

加泰隆尼亞蔬菜燉羊肉

Ragoût de mouton à la catalane

*

2磅（1公斤）羊腿或羊里脊，1個洋蔥，2瓣大蒜，1大匙濃縮番茄糊或½磅（250公克）新鮮番茄，½磅（250公克）培根，香草，½磅（250公克）鷹嘴豆（見212頁），白酒或砵酒。

羊肉和培根切成厚方塊；用肥豬肉或培根肥肉又或者橄欖油將每一面煎成略帶焦黃；加入大蒜和番茄糊，不加番茄糊則改加去皮切碎的新鮮番茄，並加足量百里香或馬郁蘭或羅勒，以及2片月桂

⓯青檸：lime，或譯為「萊姆」。

葉。淋1杯（180毫升）帶甜味的白酒或砵酒下去。蓋上鍋用慢火燉2小時，直到肉燉爛為止。

鷹嘴豆先用水浸泡過並煮好，羊肉快煮好時，連同瀝乾水分的豆子一起放到耐高溫的盤子裡，再撒上一層麵包粉，放進烤箱用中火（320~370℉／160~190℃／煤氣爐3~4檔）烤1小時左右，直到表層微微出現脆皮，鷹嘴豆也烤得很軟為止。

如今已有從義大利和埃及進口的熟鷹嘴豆罐頭，可以節省烹飪時間，但卻沒有自己在家裡煮出來的好吃。不過用來應急倒是很有用的，尤其是要做上述這道料理要煮兩次鷹嘴豆時，可以用豆罐頭來節省時間。

家禽與野味

⊙在「冷盤與沙拉」一章中，還有更多家禽與野味的食譜。

阿可巴夏❶

「三位修院副住持攜手前來。『到廚房去，』三人異口同聲說，『到廚房去，馬上就去；然後你可以自行判斷我們是否有竭盡所能款待你。』

「如此盛意召喚，恭敬不如從命；於是他們三位高級教士就在前帶路，領我去那我由衷認爲是全歐洲最頂尖的饕餮聖殿。格拉斯通伯雷（Glastonbury）大寺院在鼎盛時期情況如何，我說不上來；但是在法國、義大利或德國卻從未目睹過以如此龐大空間來作爲烹飪用途的。龐大高雅拱頂下的大堂中央有個直徑至少有六十呎的木製水槽，淙淙流水清澈，養了大大小小各種不同的河魚。廚房的另一邊堆了各種野味和鹿肉；另一邊則是數不清的各種蔬菜水果。長長一排爐灶又延伸出一行烤爐，緊鄰著堆積如山的雪白麵粉、糖塊、一罐罐最純淨的橄欖油，還有大量的油酥麵團，一大幫平信徒修士帶著幫廚正在擀麵團，做成上百種不同形狀，一面猶如小麥田裡的雲雀般快樂地唱著歌。

「我的僕從還有那兩位德高望重副住持的僕從，全都站在一旁興致勃勃目睹著這些款待準備功夫，既高興又興奮得漲紅了臉，彷彿才

---

❶阿可巴夏：Alcobaça，位於葡萄牙，有著名隱修大寺院。

去過加利利的迦拿娶親筵席上幫完忙回來❷。『哪，』住持大人說：『我們餓不著的，神給我們預備得豐豐富富，我們應該盡情享用。』」

——摘自《貝克福德的旅行日記》

*

阿勒坡❸雞

Aleppo chicken

*

1隻白煮雞，1個檸檬，胡蘿蔔，洋蔥，芹菜，大蒜，½磅（250公克）洋菇，¼磅（125公克）燙過去皮的杏仁，½玻璃杯（90毫升）雪利酒，4個蛋黃，1玻璃杯（180毫升）奶油。

用鹽和胡椒、檸檬汁抹遍雞身，在雞肚子裡塞一片檸檬皮。把所用蔬菜照常用水煮過，煮熟時將鍋從火上移開，用杓子舀出1品脫（600毫升）左右的菜湯到另一個鍋裡。然後在這鍋湯裡加上半個檸檬的汁、雪利酒、杏仁，還有事先煎過的洋菇。蛋黃加奶油打勻，湯燒熱時，就一匙匙徐徐加入打好的奶油蛋黃汁，用文火煮到湯汁變稠時，把雞放到一個熱盤子裡，將煮好的醬汁淋遍雞身及其周圍即可。

---

❷譯按：此乃新約聖經上耶穌行神蹟將水變酒的典故。

❸阿勒坡：Aleppo，敘利亞西北部城市。

*

切爾卡西亞❹雞

Sherkasiya

*

1隻雞，胡桃仁、杏仁、榛子各3盎司（90公克），米，依個人口味喜好而用紅圓辣椒或紅辣椒，鹽，2個洋蔥，牛油。

用白煮方式照常煮好雞，切成四大塊，盤中擺好飯，雞塊放在飯中央。

以下醬汁是用來澆在雞飯上的。先把胡桃仁、杏仁、榛子放在乳缽中加紅圓辣椒和紅辣椒以及鹽搗碎。用牛油炒切碎的洋蔥，然後加入搗碎的果仁和一點雞湯，煮到變成濃稠狀時就澆在雞飯上。

*

甜椒雞

Pollo in padella con peperoni

*

把雞斬成6塊。在燉鍋裡放橄欖油，將雞塊煎到略微焦黃，並放2~3個切絲洋蔥、3瓣大蒜、鹽、胡椒、馬郁蘭以及百里香；蓋上鍋用慢火燜1小時左右，小心不要讓雞塊燒焦了。

與此同時，將4~5個大的紅甜椒或青椒放在烤箱裡烤，或用火

---

❹切爾卡西亞：Circassia，高加索西北部地區名。

烤，及至變軟可以撕去外皮，然後去籽切成條狀，加到鍋裡，並加½磅（250公克）切成小塊的番茄和小撮羅勒。番茄煮熟時，這道料理便做好了。

將橙去皮切成圓片，雞煮好時加幾片進去，更是錦上添花。

*

翁提布❺洋蔥雞

Poulet antiboise

*

2磅（1公斤）洋蔥切絲，深鍋裡放½平底玻璃杯（90毫升）橄欖油，放洋蔥下去，加一點鹽和紅辣椒。

在洋蔥絲上面放洗淨、用鹽和胡椒調好味的全雞。蓋上鍋，放到烤箱用中火（320℉／160℃／煤氣爐3檔）烤1½小時。洋蔥不能烤焦黃，而是逐漸烤軟化成洋蔥泥狀，有如「普羅旺斯烤餅」（見73頁）的做法。必要的話，在烤的過程中再添一點橄欖油。

等到雞肉烤軟熟了，把雞切塊盛到盤裡，洋蔥泥則堆在雞塊周圍，點綴以去核黑橄欖，以及油炸麵包方塊。

如果雞是比較老、用來白煮的那種，那麼就先斬塊才下鍋，如此就不用花太久時間去煮熟，要是可以的話，我認為用全雞去燜更能

❺翁提布：Antibes，位於法國南部蔚藍海岸的地中海遊艇中心。

保有原汁原味，到要吃時才斬塊。

*

用來鑲烤雞的美味餡料

A delicate stuffing for roast chicken

*

1杯白飯，1把葡萄乾，½杯燙過去皮搗碎的杏仁，¼杯生洋蔥末，½杯切碎的歐芹，雞肝，2盎司（60公克）牛油，1枝羅勒，1個蛋。

把雞肝搗成糊狀，加入其他所有配料，再加牛油拌勻，最後加入打好的蛋汁。

*

烤鴨

Roast duck

*

烤鴨之前，把洗淨的鴨先放在平底鍋裡用大火「逼」出絕大部分鴨油（要看著不要把鴨燒焦了），然後才烤鴨，風味會好得多。把逼出的鴨油過濾，再重複這個過程，直到所有可以逼出的脂肪都除掉了，便在鍋裡放3大匙牛油，然後放到烤箱用猛火（410~440°F／210~230℃／煤氣爐6~7檔）烤1¼小時，烤的過程中不時用烤油澆在鴨上，並翻轉鴨身以便烤均勻。

*

波爾多風味燒鵝

Oie rôtie à la bordelaise

*

這道食譜跟「普羅旺斯風味烤羊腿」出於同一本法國烹飪書。

準備好一隻要烤的鵝；用以下餡料來鑲鵝。20個上好洋菇，跟鵝肝、1小撮歐芹、1瓣大蒜一起剁碎；然後加進½磅（250公克）新鮮牛油，¼磅（125公克）鯷魚牛油。

餡料要揉勻才填到鵝腹內；填好之後縫住鵝肚口，穿在鐵扦上，就跟普通燒鵝一樣烤法。

即使鵝不是很肥，烤的時候也還是會有大量烤汁滴出，因為鵝腹內有牛油。烤的過程中，要不斷用這牛油烤汁澆在鵝身上，好讓牛油裡的鯷魚和大蒜味道可以入味。這種做法的燒鵝在法國南部美食標準中評價很高；但離了這些省分，大多數老饕可就不怎麼特別對這燒鵝趨之若鶩了。

*

葡萄山鶉

Les perdreaux aux raisins

*

在一個中等大小的燉鍋裡先燒融一點培根肥油，放幾片培根下去，1束綜合香草，2隻洗淨的山鶉，並猶如烤山鶉的準備功夫一樣紮住翅膀和腳。未熟透的白葡萄去皮，加到鍋裡，堆到與山鶉齊高。放鹽和胡椒調味，用防油紙蓋住鍋口，然後加上鍋蓋，用文火燉1小時。

這道料理要趁很熱的時候吃，並把培根和葡萄排在山鶉周圍來上菜。

*

鑲山鶉的義大利餡料做法

An Italian stuffing for partridges

*

鑲4隻山鶉所需材料如下：4盎司（120公克）培根或火腿，½磅（250公克）洋菇，8顆杜松子，全部一起跟山鶉肝剁碎；鑲好的山鶉用培根裹住去烤，烤時並澆以牛油。

*

普羅旺斯風味山鶉

Les perdreaux à la Provençale

*

又是一道很對嗜好大蒜者胃口的食譜。

在厚重型的燉鍋裡放1小塊牛油，2盎司（60公克）火腿或培根的肥肉，2隻洗淨的山鶉。用慢火將山鶉煎成金黃色，然後加20~30瓣與歐芹一起切碎的大蒜，再煎2~3分鐘。

在山鶉上澆1玻璃杯（180毫升）濃烈白酒，1玻璃杯新鮮做好的濃厚番茄糊，要不就用1大匙濃縮番茄糊加高湯或水稀釋後代替。蓋上鍋用文火燉1½小時。

把煮出來的醬汁用細網篩過濾之後，擠1個檸檬汁到醬汁裡，然後再煮30分鐘，用燉好的山鶉來配這醬汁。

*

山賊山鶉

Partridges cooked Klephti fashion

*

「Klephti」（由「偷」這個字而來）是最早的希臘山賊之稱，他們盤據在塞薩利❻山區的大本營裡，在土耳其人占領希臘的那兩百多年間，劫掠土耳其人（以及其他適合他們下手的對象），事實上，等於早期的打游擊。

他們用紙包住禽類與肉類，放在很原始的烤爐裡烤熟，這方法已傳遍希臘各地，稱之為「山賊料理」❼。

山鶉用山產香草調味，連同一點肥肉或任何可以弄到手的蔬菜一起用紙包住（在希臘，山鶉可沒像在英國那麼受到慎重對待），放在稱為「stamna」的陶甕裡，陶甕平放在淺淺挖出的土坑周邊土堆

---

❻塞薩利：Thessaly，希臘東部地區。

❼譯按：有若中國菜裡的「叫化雞」，演變出其他「叫化」做法。

上，然後用土埋住甕身。甕下部分的泥土則挖空了，在這坑裡生火，燒的是樹脂豐富的松木或木炭，慢火煨上2~3小時。

反正，用牛油紙包住山鶉和一片培根肥肉放到烤箱用最小火（240℉／115℃／¼檔）烤熟，是很值得一試的。「山賊料理」永遠是烤出畜肉或禽肉最佳風味的方法。

*

荷蒙❽風味鴿

Pigeons à la Romanaise

*

鴿子洗淨綁好翅膀與腳，每隻鴿子綁上1片薄培根和1片檸檬皮。淺身鍋裡放2盎司（60公克）牛油，鴿子下鍋煎約10分鐘。加1大玻璃杯（180毫升）的白酒和半個檸檬的汁，用慢火繼續煮到鴿子熟為止，大約25分鐘。如果買到的鴿子是宜於做燉鴿的那種，或者是原鴿，那就得燉上1小時，有時還更久。煮好之後取出鴿子，但要保持住它們依然很熱。把鍋裡煮汁過濾之後，放到隔水套鍋裡，加1盎司（30公克）牛油和2個蛋黃，不停攪動，一如煮貝昂醬汁❾。醬汁煮稠了之後，就淋在鴿子上，並佐以做法簡單、只加炒洋蔥和

---

❽荷蒙：Romans，位於法國南部的城市。

❾貝昂醬汁：Bearnaise sauce，以牛油和麵粉等做成。貝昂（Bearn）爲法國地區名，靠近庇里牛斯山。

葡萄乾或無子葡萄乾的中東燴飯（見162頁）。

*

鵪鶉鑲甜椒

Piments farçis de cailles

*

以每人1隻鵪鶉為計，將鵪鶉去骨，鑲以肥鵝肝。4杯米先以猶如中東燴飯的煮法（見162頁）煮到半生熟。數量與鵪鶉相同的肥大紅甜椒去核梗去籽。將每隻鵪鶉在半生米飯中滾過，使之沾滿米粒，然後塞入甜椒中。將鑲好的甜椒擺在一個深盤裡，加2~3盎司(60~90公克）牛油以及一些摻了牛骨或豬骨高湯的番茄醬汁。蓋上盤子放在爐上用慢火燉約30分鐘。也可以放到烤箱裡用慢火烤熟。

*

串燒鸝鳥

Becfigues en brochettes

*

鸝鳥連頭全部串在烤扦上，內臟也保留，一支扦上串6隻，用胡椒和鹽以及香草調味，然後用火烤熟。

*

洋菇鷸鳥

Snipe and mushrooms

*

在義大利北部這道菜是採用小鸝鳥和稱之為「funghi ovali」的美麗野紅菇來做。在英國，任何一種小鳥例如山鷸、鷸鳥或鴴鳥都可以用這方法來做，效果極佳。每隻小鳥配一個很大的洋菇；去掉洋菇蒂，洋菇蒂的這面朝上，將洋菇排好在烤盤裡。在洋菇上淋一點橄欖油，每隻小鳥分別擺在一個洋菇上，用鹽和鮮磨黑胡椒調味，每隻小鳥上面放1小根新鮮百里香或馬郁蘭，然後再淋一點橄欖油。用防油紙蓋住盤子，放到烤箱用慢火（240~310˚F／115~155℃／煤氣爐¼~2檔）烤30分鐘左右。通常是用小塊油炸麵包墊住小鳥，但這做法改用洋菇取代炸麵包，來吸收烤小鳥的汁，但一定要用慢火來燒，不然洋菇會皺縮。烤到最後那5分鐘時，把紙拿掉，以便小鳥可以烤得略帶焦黃。

野兔和家兔

農家晚餐

「不管哪個時節來到蒙帕齊耶你都可以大享口福。縱然風無情地吹襲著這片高地，厚厚的石牆卻是冬暖夏涼。經歷了冬初耀眼的灰綠山霜之後，柴火發出的溫煦火光更令人感到安適。

「食物是利用大火炕中的火堆來烹煮的，大鍋、鍋子和煮鍋都燻得發黑，用棘輪吊掛在火堆上。林鴿和山鶉穿在烤扦上在火上轉動。乾葡萄藤在火中燒得嗶剝響，芬芳的藍煙四處瀰漫，帶著刺鼻氣息。

這地方不是讓你來吃龍肝鳳膽之類的精美佳餚（à la Cambacérés）❿之處，而是獵到什麼野味就吃什麼，而且你會露天跟人一起吃，不免令人想見古羅馬人的鄉野烹飪必然就是這樣的風味。

「廚房就在廳裡，你還可以吃著嘴裡的看著烤扦上烤的和鍋裡煮的。這就是吃飯的方式，但是幸好我在法國還沒碰到過像伊比利半島那種獨特的廳房結合，這種結合在西班牙並不罕見：馬廄、廚

---

❿原注：Cambacérés是代稱之一，好比講到parmentier（譯注：Parmentier爲著名園藝家）就等於指馬鈴薯，florentine指菠菜。見到菜單上出現拿破崙總理大臣Cambacérés名字時，想當然耳就會指望吃到鑲鵝肝。

房、寢室和飯廳全都在一間內——實在有夠中古拉丁風格的。

「主菜也許會是酒燜蔥蒜野兔肉。附近一帶盛產百里香和各種香草，野兔肉味鮮美。

「酒燜蔥蒜燒出的野兔眞是上等佳餚，煮時不只有野兔和豬腩肉而已，還放了白酒和肉滷汁、梨和梅子、大蒜、香草、洋蔥、栗子、洋菇、松露、紅酒、火腿。這不是一道城市的菜餚，如同所有野味一樣（甚至那黏答答的家兔），要吃酒燜蔥蒜的燒法最好就到鄉下去吃。

「可是在吃主菜之前，你會先喝到裝在碗裡的美妙濃湯，眞正的湯，完全不像我們在城裡喝到的清湯寡水。你那斯文喝法的湯盤可不適宜用來吃這紅酒洋蔥燒野味的湯汁。要是你喜歡一開始吃飯就吃個結實，聰明的話，就先在湯裡倒上四分之一品脫的紅酒，然後整碗捧著喝，不要用什麼新巧的匙羹舀來喝。這種大口喝湯的方式西南部的人稱之爲『灌酒湯』，但卻似乎沒有人知道爲什麼，也許是因爲有幾個古老的南部家族是出了名的老饕之故吧。

「此外，也要看日子，有時可能有魚吃，不過我們由於位於內陸區，所以大致上只有鱒魚或淡水螯蝦可吃。堆成金字塔般的淡水螯蝦吃起來很過癮，看起來可眞像是火焰中的荊棘。像這類東西，他們說『只不過吃著好玩，過過癮而已』。言歸正傳，再說回紅酒洋蔥燒野味……

「喝完湯之後接著吃的是一對野鴿，接著是另外半隻野兔，用火烤得很香……

「至於甜品，則向來是這種鄉野飲食中最弱的一環。最好就是吃些自製果醬加鮮奶油，然後再吃點當地產的乳酪。侯格堡乳酪是他們最引以爲豪的，雖然沒有風味絕佳的軟乳酪如（在最美味時）布里乳酪（Brie）或卡蒙貝爾乳酪（Camembert），然而南部那些氣味濃、奇妙無比的乳酪還是值得另眼相看的。

「然而在南部這裡，畢竟又靠近洛特省（Lot），喝的酒免不了是卡歐荷（Cahors）產的果香濃郁、紫紅色的佳釀，卡歐荷是教皇和高級教士的城市，盛產梅子，有著輝煌的過去。幾乎所有洛特省的山坡地都引人入勝，而且供給了佩伊葛⓫食材，使其烹飪擠身於勃艮地、普羅旺斯、柏黑斯以及貝昂之列，成爲法國美食省分之一。」

——摘自 Alan Houghton Brodrick 所著《橫渡海峽》（*Cross-Channel*）

*

酒燜蔥蒜兔肉

Lièvre à la royale

*

這道著名的「酒燜蔥蒜兔肉」食譜是參議員庫托創出的，他以前

⓫佩伊葛：Perigord，法國西南部地區，包括法國南部多爾多涅（Dordogne）省和洛特—加倫（Lot-et-Garonne）省的一部分。本地區烹飪特點爲喜用塊菌植物，還有肥鵝肝醬最馳名。

定期在巴黎的《時報》(Le Temps) 發表文章。一八九八年十一月二十九日，出現在他固定的政論專欄裡的卻是這道非常出色的食譜。庫托先生詳盡敘述了他如何在普瓦圖⓬花了一個星期到處找合適的野兔；以及一找到之後如何立刻搭火車回到巴黎，發出請帖，並趕快去找他朋友史匹樂，因為這朋友在法瓦 (Favart) 街開了一家很出名的餐廳，他跟這朋友商量第二天如何烹煮野兔招待賓客。第二天從中午開始一直做到晚上七點鐘，把野兔燒好了，而參議員庫托則道出了在六點鐘時候，噴香的燒野兔味道飄出了史匹樂餐館門口，飄到了外面街上，香漫林蔭大道上，來往行人紛紛索鼻嗅著香味；群情興奮地聚集了一群人，整個區都「沸騰」起來。要是你有心花時間（大概是不需要花一星期去抓你理想中的野兔就是了）和找材料來做這道料理，你就會明白參議員所言不虛。

我盡量忠於原文把這食譜翻譯出來，食譜寫得很長，而且多有重複之處，不過當年版面有的是空間讓你填滿，由參議員精確的說明可以想見這位討人喜歡的老紳士俯身查看他的「煨肉鍋」的情景，以及他呈現這色香味俱全的創作給他那些老饕朋友們時的自豪。

材料：

你需要1隻公野兔，毛色泛紅，最好就是在山區鄉間宰殺的；得

⓬普瓦圖：Poitou，位於法國西南部地區。

要是很好的法國種野兔（特色是頭和四肢有點剛健之姿），重約5~6磅（2.5~3公斤），也就是說，已經不是未滿週歲的小野兔，卻仍是野兔中的青少年。很重要的一點是，野兔必須宰殺得很俐落，一滴血都不流失。

燒野兔用的肥油： 2~3大匙鵝油，¼磅（125公克）培根肥肉薄片；¼磅（125公克）整塊的培根。

流質配料： 6盎司（180毫升）很好的紅葡萄酒醋。2瓶Macon（馬貢）或Medoc（梅鐸）酒，隨你喜歡用哪一種，但年分至少要兩年以上。

容器： 煨肉鍋，或者長橢圓形燉鍋，鍍銅佳，鍋高8吋（20公分），長15吋（37.5公分），寬8吋（20公分），並附有可以緊緊蓋住的鍋蓋；1個用來存放野兔血的小碗，以便後面可以用來跟醬汁混合；雙柄剁菜刀；1個盛菜大淺盤；濾篩；1支木製小輾槌。

用來佐菜的葡萄酒： 最好是St. Julien（聖朱里安）或者Moulin à Vent（風車磨坊）。

預備步驟：

野兔剝皮清洗，心、肝、肺先留起放在一旁，此外也要小心將野兔血留起。（傳統上是加2~3小玻璃杯〔60~90毫升〕的上等陳年干邑白蘭地酒到野兔血裡；但並非不可或缺；庫托先生終於決定不加這酒。）

按照平常方式準備1條中等大小的胡蘿蔔，切成4塊；4個中等大小的洋蔥，各塞1瓣大蒜；20瓣大蒜；40瓣紅蔥頭；1束綜合香草，包括1片月桂葉、1枝百里香、幾根歐芹。

準備好一些木炭，要大塊的，你很快就要用上，要燃燒起來火很猛的。

第一步驟（從十二點半一直做到四點鐘）⑬

中午十二點半時：在燉鍋內的底部和周圍塗上鵝油；在鍋底排好一層培根薄片。

斬去野兔頭和脖子，只要兔身和兔腿。然後把野兔打直平放在培根層上，背部朝下。然後再鋪上一層培根蓋住野兔，這一來所有的培根薄片就用完了。

這時再放胡蘿蔔、洋蔥、20瓣大蒜；40顆紅蔥頭⑭、那束綜合香草。

在野兔上淋：

（1）6盎司（180毫升）紅葡萄酒醋。

（2）1½瓶年分已有兩年的馬貢（或梅鐸）酒。

---

⑬原注：這些時間上的進行步驟是配合七點鐘開飯吃野兔的晚餐而來的。

⑭原注：雖說這道「酒燜蔥蒜兔肉」用了大量蒜頭和紅蔥頭，但令人訝嘆的是，這兩種佐料一起煮到某種程度時，互相抵銷，以致外行人幾乎吃不出這料理有放大蒜和紅蔥頭。

加適量鹽和胡椒調味。

下午一點鐘時：煨肉鍋已經這樣擺好了材料，蓋上鍋蓋，放到火上（用瓦斯爐或者普通的多眼爐灶）。鍋蓋上再放3~4塊熾熱的木炭，燒得通紅的。

火的大小要調整到可以讓野兔煨3小時，要用中火，而且溫度要穩定不變。

第二步驟（在繼續上一步已經展開的煨野兔過程中做這步驟）

將以下材料分別剁成細末：

（1）4磅（125公克）培根。

（2）野兔的心、肝、肺。

（3）10瓣大蒜。

（4）20瓣紅蔥頭。

大蒜和紅蔥頭要剁到細無可細地步的末狀。

這道菜要做得成功，首要條件之一就是要讓這些多種又不同的佐料香味結合成渾然一體，和諧到既沒有任何一種特別突出搶盡風采，也讓人吃不出每種佐料，以免造成先入為主的印象，成為憾事。

那整塊培根、野兔內臟、大蒜、紅蔥頭，全部剁得非常細，而且要分開剁，剁好之後才仔細拌在一起，攪拌混合得極之均勻，然後放在一邊待用。

第三步驟（從四點鐘到六點三刻）

四點鐘時：把燉鍋從火上移開，很小心取出野兔，放在盤子裡。然後除掉那些配料殘餘如培根、胡蘿蔔、洋蔥、大蒜、紅蔥頭，這些殘餘可能會有些黏在野兔身上；挑淨之後，把這些殘餘放到鍋裡。

做醬汁：取一個大的深盤和篩濾，把鍋裡的東西全都倒在篩濾裡，篩濾要架在盤子上；用木製小輾槌搗壓這些東西，務必要擠出所有煨出的汁液，流到盤裡成為很濃的醬汁狀。

混合濃汁和剁碎料：這時第二步驟所做出的混合料就要派上用場了，把這混合料加到濃汁裡攪勻。

將第一步驟所剩下來的半瓶酒燒熱，然後把熱酒徐徐注入濃汁混合料中，一面攪拌使之均勻。

四點半鐘時：將下列材放回燉鍋裡：

（1）混合好的濃汁料。

（2）野兔，以及燉爛而脫落的兔骨等。

把鍋放回到爐上，依然用先前**穩定而持續**的文火來燉，鍋蓋上也同樣要放燒紅的木炭，再煨1½小時。

六點鐘時：由於所需的培根分量會煨出過量肥油，有礙煮醬汁時的判斷，因此這時就得要採取第一步除油措施。這措施要做到醬汁煮到充分化為一體，濃稠近乎馬鈴薯泥時，才算大功告成；然而，要是把醬汁煮得太過濃稠的話，水分便會減少太多，以致不足以讓野兔肉（肉質本來就偏乾）吃起來有潤口感覺。

因此，除掉了煨野兔的肥油，可以繼續讓它煨下去，**還是要用很慢的火**，一直煨到要加野兔血的時候，這野兔血已經按照指示很小心保留在一邊等著用。

第四步驟（端上桌之前的那一刻鐘）

六點三刻時：這調和醬汁的過程進行得非常順利，現在就要做第四也是最後的步驟，畫龍點睛完成這道料理。

兔血加到兔肉上。加了兔血之後，不僅促使醬汁調和而且也為醬汁帶來很好看的棕色；顏色愈深愈引人垂涎。這道加兔血的步驟要在吃之前的30分鐘內做，不宜過早；而且加之前要先進行**第二次的撇油**。

因此，先撇清肥油，之後，分秒必爭，緊接著做加兔血的步驟。

（1）用叉子像打蛋汁般打兔血，因為要是兔血已經有點凝結的話，這樣可以使之恢復均勻平滑。（按：前面提到過可以自行選擇加白蘭地到兔血裡的做法，就是有助於防止兔血凝結。）

（2）把兔血加到醬汁裡，要很仔細攪勻鍋裡的材料，上下左右都要攪到，讓兔血滲透鍋內每個角落。

這時可以嘗嘗味道，**必要的話**，就再加鹽和胡椒調味。稍後（最多45分鐘）就可準備上菜了。

上菜的安排法：

七點鐘時：從鍋裡取出野兔，這時野兔體積多少有點縮小了。

總之，在菜盤中央放依然相連的肉塊、煮爛脫落棄之可惜的兔骨，最後在這骨脫肉爛的野兔周圍淋上精心炮製、令人食指大動的醬汁。」

不用說（參議員下結論）用刀子來吃野兔就太罪過不敬了，用匙羹已經綽綽有餘。

*

紅酒洋蔥燒野兔

Civet de lièvre

*

這道料理包括仔細斬開的整隻野兔，並點綴以牛肝蕈⓯和小塊油炸麵包片。千萬不要先用佐料醃野兔；在我看來，這樣做會破壞掉兔肉的風味，而且若是你那隻野兔比較老一點的話，還可以做成非

⓯原注：雖然牛肝蕈的確生長在英格蘭某些地區，但卻不常買得到。我偶爾可以在Roche或Parmigini店裡買到，這兩家店都位於Old Compton街上。蘇活區以及大多數熟食店裡都可以買得到乾的牛肝蕈，而且值得一試。先把它們浸幾分鐘水，然後用橄欖油煨到變軟爲止。牛肝蕈很滋味，但我不推薦罐裝的那種，因爲既混沌又沒有味道。做紅酒洋蔥燒野兔的話，可以用洋菇或者栗子來代替牛肝蕈。

常好的肉醬（見230頁）。

在厚重型的鍋裡放4盎司（125公克）切成方塊的培根肥肉，2個切成細末的洋蔥，還有切成細末的2~3瓣紅蔥頭和1瓣大蒜。這些炒到金黃色時，放入斬塊仔細抹淨的野兔，煎到肉塊兩面略呈焦黃，大約需時10分鐘，接著放2盎司（60公克）麵粉下去一起拌勻，要留意勿讓麵粉燒焦了。然後加½品脫（300毫升）紅酒和½品脫（300毫升）牛骨或豬骨高湯，蓋上鍋，用慢火燉1小時。

½磅（250公克）牛肝蕈洗淨切片，先用橄欖油煎過之後再加到燉野兔鍋裡（這時已經燉了1小時了），然後再繼續燉30分鐘。燉好之後，取出野兔肉塊排好在菜盤裡，但要保持住熱度。燉鍋裡的煮汁先加橄欖油、醋、葡萄酒各1小匙，還有搗爛的橄欖和一小撮歐芹、百里香、迷迭香，然後將野兔血加到鍋中煮汁裡。

重新燒熱這鍋煮汁，但不要燒滾，夠熱之後就淋到野兔肉塊上，並點綴以油炸小麵包片。

*

糖醋野兔

Lepre in agrodolce

*

這是很典型的義大利式烹調野味的方式。加巧克力聽起來有點讓人卻步，不過的確可以增加醬汁的甜味並加深顏色，而且混合出的整體味道並不令人感到很突兀。

1隻野兔斬塊，醋，牛油，洋蔥，火腿或培根，糖，巧克力，杏仁，葡萄乾，高湯，調味品。

用醋清洗野兔塊，跟洋蔥絲、火腿或培根，一起下鍋用牛油煎，並加適量調味品，然後加高湯。用慢火燉。酒杯裡放½分量的糖，然後加醋到杯裡，直到杯子¾滿的程度，然後混勻醋和糖，野兔快燉好時就把這糖醋加到鍋裡。

加1中匙刨碎的巧克力，1把切碎的杏仁，還有去子葡萄乾，這道料理就大功告成了。

*

扁豆泥兔肉

Lapin au coulis de lentilles

*

將兔子斬成大塊，跟培根和肥肉一起煎。淋1玻璃杯（180毫升）白酒或蘋果酒，讓它沸滾冒泡1~2分鐘，然後加調味品和香草調味料。蓋上鍋蓋，用慢火燉到兔肉變軟。先用棕扁豆做好豆泥，把煮兔肉的汁加到豆泥裡，煮到水分減少變得很稠為止，然後加入兔肉塊以及培根再重新燒熱即可。

蔬菜類

⊙其中許多道蔬菜料理本身就可單獨作為一道菜，而且本意也是要當作一道菜來吃的，吃過魚或肉料理之後才上，更可令人充分品嘗其風味。

巴勒摩的蔬菜市場

「靠近街尾處光線相當暗，那裡幾乎都是蔬菜舖。大量蔬菜：成堆白色和綠色的茴香，像芹菜；還有鮮嫩、帶點紫色、如染紅塵色彩的一捆捆朝鮮薊，垂著蓓蕾；一堆堆猩紅色以及紫紅泛藍的大蘿蔔，胡蘿蔔，穿成長串的無花果乾，堆積如山的大橙，紅豔豔的大甜椒，南瓜切剩的最後一塊，色彩既繽紛又充滿蔬菜的新鮮。一大堆泛著深紫的花椰菜，像黑人的腦袋，旁邊是一堆雪白的花椰菜。光線黯淡、油膩、暮色漸深的街道因著這些蔬菜彷彿也光鮮燦爛起來了，所有這些新鮮可口又亮麗的菜堆得高高的，也堆在無窗如洞小店鋪的入口，在燈光照耀之下，閃現出豔麗光芒直射向暗空裡。」

——摘自D. H.勞倫斯所著《海洋與薩丁尼亞島》（*Sea and Sardinia*）

*

希臘馬鈴薯餅

Potato kephtédés

（備受喜愛的希臘料理）

*

將1磅（500公克）煮好、涼透的馬鈴薯榨濾成泥狀，加½盎司（15公克）融化牛油、適量鹽和胡椒、歐芹末、一點蔥花和2個切得很碎的番茄（要去皮），以及2盎司（60公克）麵粉。輕輕揉合之後，擀成一個個圓形，用一點熱肥油或橄欖油煎熟，或者放在塗了油的烤盤裡用烤箱烤成金黃色。餅的內部吃起來應該很鬆軟。

*

安娜馬鈴薯

Pommes Anna

*

這道食譜經常出現在烹飪書中，但卻較少出現在餐廳或家裡的餐桌上。雖然這並非一道南方料理，但作為口味濃膩、用葡萄酒和香草烹製的地中海牛肉、羊肉、野兔或其他野味料理的配菜卻非常合適，也很適合配腓力牛排或任何一種烤禽類料理。

做4人份的料理需要大約1½磅（750公克）馬鈴薯（以每個人分1個大馬鈴薯為計），可以蓋緊的砂鍋或金屬鍋，容量為1品脫（600毫升）左右，適量鹽和胡椒。

馬鈴薯削皮洗淨，切成同樣大小，厚度像一便士硬幣（約1~2公釐）。這點很重要，以便它們可以同時煮熟，除非你有片刀，否則這可是很花功夫的。最好的工具是附有刀鋒的砧板，稱之為「曼陀林刀」❶。可以在專門進口法國廚具用品店裡買到，用來刨黃瓜薄片

---

❶譯按：此即爲現在常用來將根菜或瓜類刨成片的刨刀。

做沙拉妙用無窮。

馬鈴薯片好之後，仔細洗淨（去除馬鈴薯片上的澱粉質）然後用布抹乾。在砂鍋裡塗上一層牛油，然後將馬鈴薯一層層均勻地由底部至周邊均勻擺好，放一點小塊牛油，並交替加點鹽和胡椒調味。在最上層放一張牛油紙然後蓋上鍋。

用慢火烤箱（310~320°F／155~160℃／煤氣爐2~3檔）烤40~60分鐘。烤好之後可以倒在盤裡端上桌，也可以整個砂鍋端上桌。

得要指出用現代英國商業種植出來的馬鈴薯做這料理效果不太好。應該要用黃肉、皮光滑的腰子型馬鈴薯。

*

水手風味馬鈴薯

Pommes de terre en matelote

*

將煮熟的熱馬鈴薯對切成半，放在砂鍋裡，加牛油、歐芹、細香蔥、胡椒和鹽，倒入高湯或清水，蓋過材料，並加1玻璃杯（180毫升）葡萄酒。煮10分鐘左右，最後用個蛋黃把煮出的汁勾芡即成。

*

阿璞風味馬鈴薯

Pommes de terre à la manière d'Apt

*

馬鈴薯切成¼吋（0.6公分）厚度的圓片，3大匙橄欖油，5大匙新鮮番茄糊，鹽，胡椒，1片月桂葉，6顆去核橄欖，麵包粉。

在淺焗盆裡放橄欖油，然後放番茄糊、馬鈴薯、鹽、胡椒、月桂葉，然後用慢火煮5分鐘。

之後加入滾水，剛好淹過馬鈴薯等材料，再用慢火燉30分鐘。這時再加黑橄欖，並在表面撒一層麵包粉。

放進中溫（320~370℉／160~190℃／3~4檔）烤箱烤30分鐘。

烤好後直接將焗盆整個端上桌。

*

甘藷

Patátés

*

大戰期間，中東曾經有過馬鈴薯短缺時期，軍隊伙夫犯了個嚴重錯誤，把甘藷當馬鈴薯做成炸薯條，結果整個英國陸軍部全體對甘藷厭惡萬分，而且甘藷的確也不宜用普通馬鈴薯那樣的吃法，用來配肉食。

甘藷應該連皮一起烤加牛油和鹽另外單獨吃，而且這樣吃就美味得很。

希臘人則將甘藷切片，裹上麵糊炸熟之後加蜂蜜糖漿一起吃。

*

白奶紅蘿蔔

Carottes au blanc

*

用滾水燙一燙胡蘿蔔，切片之後放進砂鍋裡，加牛油、鹽和胡椒、歐芹。注入牛奶蓋過胡蘿蔔，煮好之後用1個蛋黃將煮出的湯汁勾芡。

*

番茄筍瓜

Courgettes aux tomates

*

筍瓜（很嫩的歐南瓜）切片，除非筍瓜太大或瓜皮有瑕疵處才要削去皮，否則不用削皮。加鹽拌拌放置30分鐘。之後放進耐高溫的盤子裡，加足量牛油和2個去皮切片的番茄，用很小的火煮10分鐘左右即可。

*

油炸麵糊茄子之一

Beignets d'aubergines I

*

在馬賽或土倫的大市場上總是有一兩個攤販賣熟食，例如賣「socca」（鷹嘴豆粉煎餅）和「panisse」（另一種用粗麵粉或玉米粉做成的煎餅），小鯷魚醬塊，還有這種有餡的裹麵糊煎炸食品，新鮮熱辣冒著熱氣從鍋裡取出，真的非常棒。

茄子不用去皮，縱切成薄片，加鹽之後放在盤子裡1小時，使之出水。擠乾水分後，將茄片浸入麵糊（做法見90頁）之後再放到滾油中去炸熟。

筍瓜也可以採用這個做法。

*

油炸麵糊茄子之二

Beignets d'aubergines II

*

用少量水煮3~4個大茄子，煮軟之後撕去茄皮，用篩子榨濾成泥狀，加調味品和紅辣椒粉，並加少量麵粉和1個打好的蛋以便增加茄泥濃厚度，然後做成圓餅狀，撒上麵粉之後放在滾油裡炸熟。

*

亞美尼亞鑲茄子

Aubergines à l'Arménienne

*

將幾條小茄子頭尾切掉，但不要削皮，用油煎過，使之出水，然後縱剖成兩半，小心挖出茄肉，但不要損及茄皮。把茄肉切碎並加（以10條小茄子為計）約½磅（250公克）絞碎的小羊瘦肉、2大匙洋蔥末，洋蔥末要先用橄欖油炒1~2分鐘而且變軟了，2大匙甜椒末，適量鹽、胡椒，2~3瓣切碎大蒜，1把歐芹末，1把小粒松子，2盎司（60公克）新鮮麵包粉。

將上述混合餡料鑲入茄皮中，一條條排好在耐高溫的盤子裡，淋上一點橄欖油，加蓋之後放進烤箱用中溫（320~370°F／160~190℃／煤氣爐3~4檔）烤10分鐘左右即可。

*

中東鑲茄子

Aubergine dolmas

（土耳其和中東料理）

*

8個小圓茄子（或4個大圓茄子），1杯煮熟的米飯，¼磅（125公克）絞碎羊肉（生的或熟的都可以），2個番茄，適量鹽、胡椒，洋蔥，檸檬汁，香草，幾粒松子或胡桃仁，橄欖油。

米飯加入調好味的碎羊肉，1~2個切碎炒過的洋蔥，切碎的番茄，以及適量馬郁蘭、薄荷或羅勒。將茄子蒂頭切掉約1吋左右(2.5公分)，用小匙羹挖出大部分茄肉，切成丁後混入上述餡料，再把這餡料鑲入茄子裡（不要塞得太滿)，然後把切下來的蒂頭倒過來像瓶塞一樣蓋住茄子口，鍋裡先放少許橄欖油，把鑲好的茄子排好在鍋內；燒熱之後注入滾水，水淹到茄子一半就好。用慢火燉30分鐘，加入1個檸檬的汁，再用最小火煮30分鐘。煮好時的汁應該很少。要是餡料有剩，就用來鑲番茄，鑲好的番茄用烤箱烤熟之後跟鑲茄子一起上桌。

*

土倫風味的蒜泥蛋黃醬拌什錦菜

Aïgroissade toulonnaise

*

先做個蒜泥蛋黃醬（見302頁)。然後煮什錦蔬菜——四季豆、朝鮮薊、乾菜豆、鷹嘴豆等等，煮好瀝乾水分，放在事先熱過的盤子裡，拌上蒜泥蛋黃醬即可。不可重新加熱再吃。

*

普羅旺斯蔬菜雜燴

Ratatouille

*

這是普羅旺斯風味的燉什錦蔬菜，通常是採用甜椒、洋蔥、番茄和茄子加橄欖油用慢火燉成。這道菜有很道地的普羅旺斯料理的芳香撲鼻風格。

2個大洋蔥，2個茄子，3~4番茄，2個紅甜椒或青椒❷，橄欖油，適量鹽和胡椒。

番茄去皮，茄子不去皮切成方塊，洋蔥和甜椒切絲。將洋蔥放到炒鍋或煎鍋裡，用足量橄欖油煮軟，油不要燒得太熱，洋蔥煮軟之後先加甜椒和茄子，10分鐘之後再加番茄。這些蔬菜不是用油煎炒而是用油燉成的，所以用加蓋鍋子先用慢火燉30分鐘，然後再拿掉鍋蓋煮10分鐘。燉到這程度時，蔬菜應該已經把大部分橄欖油都吸收掉了。

---

❷原注：見「鑲甜椒」（220頁）做法中的清理甜椒法。

*

普羅旺斯風味蒜苗

Poireaux à la Provençale

*

3磅（1.5公斤）蒜苗，½磅（250公克）番茄，1打黑橄欖，2大匙橄欖油，1個檸檬的汁，1中匙檸檬皮末。

蒜苗洗淨，切成½吋（1公分）段狀。在耐高溫淺盤裡放橄欖油，油燒熱到冒煙地步時，將蒜苗放入，加少許鹽和胡椒，加蓋用慢火煮10分鐘。番茄對半切開，橄欖去核，加進一起煮，並加檸檬汁和檸檬皮末，再用慢火煮10分鐘。煮好後就整盤端上桌。

這道料理冷食就跟沙拉一樣棒。

*

鷹嘴豆

Pois chiches

*

這就是在西班牙稱為「garbanzos」的豆子，在西班牙有很多燉菜類和湯類都用上鷹嘴豆。在義大利稱之為「ceci」，有時混合麵食一起吃。東地中海地區也常吃鷹嘴豆（參見244頁的「鷹嘴豆泥」食譜）。

將½磅（250公克）鷹嘴豆浸24小時，然後將豆放在厚重鍋裡，加水淹過豆子。放1個切絲洋蔥、適量鹽和胡椒、鼠尾草、大蒜。

用最小的火去煮，煮時不要攪動，並保持慢火燒滾狀態，不然豆子無法煮爛。大約需煮6小時；用砂鍋或搪瓷鍋裝鷹嘴豆的話，可以放在燒固體燃料的烤爐中用慢火烤一個晚上。

*

茴香

Fennel

*

這種是佛羅倫斯茴香，或稱甜茴香，大多種在南歐地區，吃它肥厚多葉的莖，跟常見的茴香截然不同，常見的茴香可以像野草一樣長在任何英國花園裡，而且只有嫩葉才能拿來做菜。

這是極其美味可口的蔬菜。

切去茴香根部、摘掉外部葉子，切成兩半放到滾水裡，煮軟之後（大約20分鐘）就把它們排在塗了牛油的耐高溫盤子裡，撒上刨碎的巴爾瑪乾酪和麵包粉，放到烤箱裡烤到表層的乳酪融化即可。

在法國南部，最嫩的茴香是切成兩半生吃的，就像芹菜一樣，只加一點鹽和檸檬汁。

*

培根蠶豆

Fèves au lard

*

嫩蠶豆放到滾水裡，煮熟之後，先煎一些培根碎肉，加一點麵粉和煮蠶豆的水，等到這汁煮濃稠之後，放進蠶豆，加½杯鮮奶油。蠶豆不要在醬汁裡煮太久，否則會失去鮮味。

*

蠶豆朝鮮薊

Broad beans and artichokes

（希臘料理）

*

蠶豆2磅（1公斤），朝鮮薊8棵，分別用水煮熟，瀝乾水分，留下一點煮蠶豆的水。

在鍋裡放2大匙橄欖油，燒熱之後先放少許太白粉下去炒，再放1杯煮蠶豆的水，適量檸檬汁，一些切碎的歐芹，然後放朝鮮薊和蠶豆拌勻即可。

＊

鑲根芹菜

Céleri-rave farci

＊

根芹菜通常都是生吃，削皮，切絲，放在大碗裡加上芥末蛋黃醬拌成。但也可以按照以下方法來做：

2~3個根芹菜削皮，切成兩半，用滾水燙過。

準備下列餡料：洋菇和紅蔥頭切碎，用牛油炒幾分鐘，之後撒點麵粉進去，注入1杯牛奶和2盎司（60公克）冷的碎肉或雞肉。

用這餡料來鑲根芹菜（先把根芹菜中心挖空），鑲好之後排在塗了牛油的砂鍋裡，排好之後在上層在放些牛油，蓋上鍋，放在慢火（240~310℉／115~155℃／煤氣爐¼~2檔）烤箱裡烤45分鐘。

可以不用餡料而改用番茄糊。

＊

炒花椰菜泥

Cavolfiore al stracinati

＊

「Cavolfiore」是義大利文「花椰菜」，至於「stracinati」則意謂「撕扯開來」。整顆花椰菜先放到加鹽的水裡煮到半熟，取出瀝乾水分，去掉梗上厚皮以及葉子，切成朵狀。鍋裡先熱好橄欖油，並放1瓣切碎大蒜，然後把花椰菜放到鍋裡；一面用叉子壓爛，一面不停翻炒，直到略呈焦黃為止。

*

糖醋洋蔥

Onions agrodolce

*

厚重的煎鍋裡放3大匙橄欖油，然後放25顆去皮小洋蔥，煎到洋蔥轉為焦黃時，加1玻璃酒杯（180毫升）砵酒，1杯葡萄酒醋，2大匙黃糖，1把葡萄乾，適量鹽和紅辣椒。

用慢火煮到洋蔥變得很軟，汁也轉為濃稠為止。

*

希臘風味的鑲番茄

Stuffed tomatoes à la grecque

*

雅典每家傳統飯館都可以讓客人走進廚房，從爐上那些鍋中的菜點選自己要吃的，其中就有這道料理，淺身圓鍋中排好了這些番茄，還有甜椒和小筍瓜，都用同樣方式做成，堪稱傳統小館子的特色。那種撲鼻芬芳實在難以形容，也難以描繪這耀眼的繽紛色彩。光是每一鍋瞧瞧，這道嘗一匙，那道嘗一口，很容易就令人把持不住而把菜單上所有菜都點了下來。

將1打大番茄蒂切掉，挖出番茄肉，混以2杯煮好的米飯，然後加進2大匙洋蔥末，2大匙無子葡萄乾，一些蒜末，適量胡椒和鹽，要是你有吃剩的小羊肉或牛肉，也可以加進去。用這餡料鑲番茄，然後放在盤子裡，淋上橄欖油，加蓋放進烤箱裡烤熟。

*

普羅旺斯番茄

Tomates Provençale

*

將熟透的大番茄切成兩半，用鋒利小刀在番茄肉上縱橫劃幾道深口，然後在劃口上抹上鹽、胡椒以及壓碎的大蒜。歐芹切末撒在每一半的番茄上，壓一壓使之貼服。

在每一半番茄上滴幾滴橄欖油，然後是個人喜好放在火舌下方烤熟，或者放在很熱的烤箱裡烤熟。

做得好的普羅旺斯番茄是切面烤到有略呈焦黑的。

*

乳酪鑲番茄

Tomates fromagées

*

選中等大小的番茄，切掉蒂頭，挖出番茄肉，撒點鹽後放在一旁讓它出水。

在隔水燉鍋裡先融化一些格律耶爾乳酪，並加黑胡椒、紅辣椒粉、少許法國芥末醬、幾滴白酒和1瓣搗爛大蒜。

用這餡料鑲番茄，餡料黏度大約如同化開後塗烤麵包片的威爾斯乾酪。先在烤箱裡烤10分鐘，然後再在火下烤到熟透為止。

*

普羅旺斯風味洋菇

Champignons à la Provençale

*

½磅（250公克）野洋菇，1小玻璃杯（30~45毫升）橄欖油，歐芹，大蒜，鹽和胡椒。

野洋菇用冷水洗淨；連梗一起切片。在淺鍋裡燒熱橄欖油，相當熱但未燒滾時就放下野洋菇，煎5分鐘。加1把切碎歐芹，一點點大蒜、鹽和胡椒，再煮2~3分鐘就好。

*

亞美尼亞風味洋菇

Mushrooms à l'Arménienne

*

½磅（250公克）洋菇，2片培根，大蒜，歐芹，橄欖油，1玻璃杯（180毫升）白酒或紅酒。

洋菇切片，用2大匙橄欖油煎；加幾片切得很薄的蒜片，以及切成方塊的培根。

先一起煎幾分鐘之後，再倒入1杯葡萄酒，然後改為用大火燒1分鐘（使得酒汁收乾），然後再轉小火煮5分鐘。

照這做法做出的洋菇可以單獨當作一道菜，也可以作為炒蛋或煎蛋卷的配料，或者加到砂鍋雞裡，或作為餐前小菜冷食。

*

波爾多風味牛肝蕈

Cèpes à la Bordelaise

*

牛肝蕈洗淨去掉蒂梗，如果很大朵的話，就切成2~3塊。在煎鍋裡放1玻璃杯（180毫升）好橄欖油，油燒熱了就把牛肝蕈放下去，煎到略呈焦黃，就把火轉到最小。與此同時，把蒂梗和1把歐芹一起切碎，如果你喜歡也可以加大蒜一起切碎。另外起油鍋用橄欖油炒香這些碎末，然後加到牛肝蕈裡，大概需要煮25~30分鐘便可。

這個做法可以用來做所有其他各種菇類。

*

義大利風味牛肝蕈

Cèpes à l' Italienne

*

1磅（500公克）牛肝蕈或羊肚蕈或其他菇類，葡萄葉，橄欖油，大蒜，鹽和胡椒。

牛肝蕈洗淨，摘掉梗，放在盤裡並撒上鹽，擺上一會兒以便出水，然後把牛肝蕈放到溫熱的烤箱裡1~2分鐘以便烘乾水分。

葡萄葉洗淨晾乾，鋪在耐高溫的盤底；淋上橄欖油蓋住葡萄葉，然後把盤子放在火上燒到油熱但不到滾燙地步；放牛肝蕈下去時，有梗的底部朝上；然後加蓋，整盤放到中溫（320~370°F／160~190℃／煤氣爐3~4檔）烤箱裡烤30分鐘即成。

此時將摘下的菇梗切成薄片，連同1瓣大蒜加到牛肝蕈裡，並加黑胡椒調味，然後再烤10分鐘。

趁新鮮熱辣時上菜，直接把整盤端上桌就可。

*

鑲甜椒

Stuffed Pimentos

*

凡是以地中海料理為主的烹飪書若是少講了這道菜的話，就不算是本完整的食譜，因此儘管這道菜已是眾所周知，這裡還是要介紹最典型的做法。

切掉甜椒的梗蒂，並在蒂口周圍各戳一刀，這樣就可拔出核心並取出籽。做這步驟時要小心，然後將甜椒放在水龍頭下沖洗，不然會有種籽未清除乾淨，吃起來很辣的。

以做鑲番茄（見216頁）的餡料來鑲甜椒，鑲好之後排在深烤盤裡，上面加一層濕潤的番茄糊，再淋少許橄欖油。

蓋上烤盤，放到烤箱用中溫（320~370°F／160~190℃／煤氣爐3~4檔）烤30分鐘左右即成。

*

煎甜椒

Piments sautés

*

將紅、黃甜椒和青椒放在滾水裡煮幾分鐘，然後撕去皮用牛油煎香。在煮之前要去籽。這道菜用來作為小牛腿肉薄片或上肉薄片的配菜特別好。

*

中東炸豆泥餅

Ta'amia

*

這道阿拉伯豆子料理是很美味的下酒小菜（mézé）❸。

1杯壓碎的乾菜豆，適量歐芹、芫荽，洋蔥，大蒜，鹽，小匙蘇打粉，1把浸濕的麵包粉。

豆子洗淨並浸一晚。將上述所有材料都用絞碎機（現在都是用食

---

❸原注：見237頁。

物調理機）一起絞碎並拌勻。可以在乳缽裡略微搗一會兒使整團混合料變軟些。加入蘇打粉拌勻，然後放置1~2小時，之後切成小塊用滾燙的脂油炸熟。

*

希臘菜豆

Fasoülia

*

「Fasoülia」在希臘文即「菜豆」。喜歡帶有純正橄欖油風味料理的人一定會喜歡這道菜，½磅（250公克）菜豆浸12小時。在深鍋裡燒熱½平底玻璃杯橄欖油；將瀝乾水分的豆子放到鍋裡，把火轉小，用慢火連炒帶煮10分鐘之後，加2瓣大蒜、1片月桂葉、1根百里香，並放1中匙番茄糊。加入滾水蓋過豆子約1吋左右（2.5公分）。用中火煮3小時。煮好時湯汁應該收成了濃汁狀。擠1個檸檬的汁到鍋裡，加些生洋蔥圈，適量鹽和黑胡椒，待涼透才上菜。

冷盤與沙拉

古佛尼山的午餐

「我們在大房子裡軒昂、涼爽的廳堂裡閒逛，假如天氣不太熱，就到花園裡沿著三處日光浴平台逛去，這時亨利會打開帶來的豐盛冷盤雞午餐，負責看管的農民安傑洛·馬斯提則會匆匆送來一塊扁圓狀的大乳酪，是這一帶產的羊奶乳酪，並有一籃水果，裝有無花果、剛採下還帶點青色的桃子，以及葡萄，全都被太陽曬得溫熱——其中有些葡萄是稱之爲『草莓』的那種小而飽滿的藍葡萄，肉質跟其他葡萄非常不一樣，吃起來味道也不同，讓人想起野草莓，疑爲來自火星或金星的水果——要不就是個大酒瓶，外部包著乾燥積塵的燈芯草，瓶裡裝的是府邸莊園本身所產的佳釀紅酒。未幾，也會飄來鑽鼻的香味，讓我們知道安傑洛剛跟門外一個少年買下了一大塊白松露，是之前少年在樹林裡挖來的。（我相信，只有在義大利才有白松露，主要都產在皮埃蒙特和托斯卡尼，還有巴爾瑪一帶；質感比黑松露略粗糙，而且在令菜餚入味的效果上更近似於大蒜，只要刨磨一點撒在菜餚上面就夠了。）他老婆會做來給我們吃，送來煮好的米飯或通心粉，上面撒了松露。所有這些飲食都擺在桌上，桌子鋪了鄉下人用的白色粗麻桌布，桌子上方的天花板上繪飾有雲彩和飛翔的小愛神，歡快地持著家族紋章、一頂王冠以及紅衣主教冠。」

——摘自Osbert Sitwell爵士所著《美好的早晨》（*Great Morning*）

*

花色肉凍

Aspic jelly

*

很多料理都需要用到花色肉凍作為配襯；以下就是個很不錯的基本做法。

在大煮鍋裡放1條小牛前蹄和1條小牛腳，斬成合宜大塊，2根胡蘿蔔，2根蒜苗（只要白色部分），1個連瓣洋蔥，約6片帶皮培根，2瓣大蒜，1小片檸檬皮，百里香，月桂葉，馬郁蘭，鹽，幾顆胡椒粒。要是你還有雞骨架或甚至雞腳、雞脖子，都可以加進去。倒1玻璃杯（180毫升）白酒到鍋裡，然後加水蓋過所有材料（4品脫／2.4公升的水可煮成2½品脫／1.5公升的肉凍）。把湯燒滾，撇去浮沫，然後用慢火熬4~5小時。

把熬好的湯汁過濾到盆裡，讓它涼透。等到翌日凝結成肉凍了，仔細除掉所有肥油，不要留下一丁點凝油。然後做澄清肉凍的步驟：在煮鍋裡放1個略微打過的蛋白，加上壓碎的蛋殼，1雪利酒杯（60~75毫升）的砵酒，幾片龍艾葉，少許檸檬汁，之後，把肉凍倒進鍋裡，用火燒滾，然後轉小火讓它繼續滾15分鐘。用細布過濾肉凍汁，小心不要攪起了沉澱物。想要做出最清澈透明的肉凍，最好就過濾兩次。

*

胡桃雞

Poulet aux noix

*

用雞內臟加1½品脫（900毫升）水、胡蘿蔔、蒜苗、蕪菁、適量調味品，熬2小時，熬出濃高湯待用。雞切塊，用牛油煎到略呈焦黃；加幾顆小洋蔥到鍋裡，注入高湯蓋過雞塊，加1匙葡萄酒醋，煮30分鐘。與此同時將1磅（500公克）胡桃去殼，絞碎胡桃仁，並不時加一點水稀釋碎胡桃所滲出的油。將碎胡桃仁加到雞裡，再煮15分鐘就好。這時湯汁應該已經收得頗濃稠了。

煮好的胡桃雞盛到淺盤裡，涼透了才吃。

*

薇蘿妮克冷盤雞

Cold chicken Véronique ❶

*

將1隻白煮雞斬成幾大塊。2個蛋黃加½品脫（300毫升）鮮奶油以及1小玻璃杯（30~45毫升）雪利酒一起打勻，然後用慢火煮到有點變稠，煮時要不時攪拌。將煮好的汁淋在雞塊上，撒上檸檬皮

---

❶薇蘿妮克：Véronique，據稱此乃一位葡萄農妻子之名，後來但凡用葡萄入菜的料理往往都稱之為「Véronique」料理。然而此處作者的食譜卻沒有用上葡萄。

末，涼透了才吃。涼透之後醬汁更加濃稠。這吃法比起常見的白煮雞蘸蛋黃醬要勝出許多。可以佐以下列這道米飯沙拉：

*

米飯沙拉

Rice salad

*

將適量米煮熟，趁熱混以橄欖油、龍艾醋、鹽、黑胡椒，以及少許刨磨的肉豆蔻。加入切碎的芹菜、新鮮羅勒葉，幾顆去核黑橄欖，去皮切片番茄，還有紅甜椒或青椒。

*

檸檬雞

Lemon chicken

*

用水煮雞，並加蕪菁、胡蘿蔔，以及1大片檸檬皮。煮好之後，由得雞留在湯裡，涼透之後才撈起，拆下雞肉並切成大片。將湯汁過濾，湯裡的蔬菜放在一邊待用。舀3杓湯到鍋裡重新加熱，加2大匙檸檬皮末，以及半個檸檬的汁，1小玻璃杯（30~45毫升）雪利酒或白酒，慢火煮5分鐘，然後用1茶杯（200毫升）牛奶調開1大匙左右的太白粉加到鍋裡勾芡，汁變稠時就把雞片加到鍋裡，並加進切成長條的煮雞蔬菜和1把切碎的西洋菜。全部一起煮幾分鐘之後即可盛起放到玻璃菜盤裡。

檸檬汁要吃冷盤，如果汁煮得恰到好處沒有太過濃稠的話，看起來應該有點晶瑩剔透狀。還可以加幾小塊鳳梨和燙過去皮的杏仁作為點綴。

附記：跟雞一起煮的蔬菜要整個放下去煮，否則就會煮過頭變得淡而無味。

*

冷盤鑲鴨

Cold stuffed duck

*

如果你不懂得如何將鴨子去骨的話，也許可以找肉店老闆或者禽販幫你做這功夫。此外你還得要有肉凍，用小牛腳和帶肉小牛骨熬成，並以大蒜和砵酒調味。用肝醬混以大量切碎洋菇以及1~2塊松露做成餡料來鑲去骨的鴨子，再將鴨皮縫上，用培根肥肉裹住鴨子烤25分鐘左右之後，除掉培根肥肉，將鑲鴨改放到淺身有蓋陶盅裡，遍注融化的肉凍汁，然後把蓋上的陶盅放到較大、裝了水的容器裡，放到烤箱裡隔水烤45分鐘。

擠一個橙的汁到鑲鴨上，別忘了拆掉縫線；等鑲鴨涼透結了肉凍才吃。

*

雞肝醬

Pâté of chicken livers

*

1磅（500公克）雞肝，或者是雞、鴨、鴿子或任何野禽類的肝綜合為1磅（500公克）的分量亦可。洗淨之後用牛油煎3~4分鐘取出，在鍋中剩餘牛油裡加上雪利酒和白蘭地酒各1小玻璃杯（30~45毫升）。把煎過的肝搗成糊狀（肝內部應該是粉紅色的），並加足量鹽、黑胡椒、1瓣大蒜、2盎司（60公克）牛油、少許綜合香料、些許綜合香草粉（百里香、羅勒、馬郁蘭）。把鍋中酒汁加到調好味的肝糊裡，攪勻之後放到小陶皿裡置於冰上。

吃時佐以熱的烤麵包片。

*

野兔肉醬

Pâté de lièvre

*

2磅（1公斤）生的野兔肉，2磅（1公斤）豬肉，1磅（500公克）培根肥肉，2個洋蔥，少許歐芹和百里香，全部一起剁碎；加3小酒杯（90~135毫升）的白蘭地，適量鹽和黑胡椒，之後把調味的碎肉揉勻。取1個大陶盅或幾個小陶盅，把揉好的肉醬填到盅裡，表層再放1片月桂葉和切成細條的培根薄片，加上蠟紙。蓋上陶盅後，放到加水的套鍋裡，擺到烤箱裡用慢火（240~310℉／115~155℃／煤氣爐¼~2檔）來隔水燉肉醬，若是用小陶盅的話就烤1小時，用大陶盅的話就烤2小時。做好的肉醬如果在表層加上一層厚厚的融化豬油，並蓋上蠟紙，涼透之後儲藏在陰涼處可以保持數月不壞。

這道肉醬也可以用家兔肉（養殖兔肉）來做。

*

鄉村肉醬盅

Terrine de campagne

*

1磅（500公克）豬腩肉，1磅（500公克）瘦的小牛肉，¾磅（375公克）培根，1茶杯（200毫升）白酒，2大匙白蘭地，幾顆杜松子，肉豆蔻衣，2大瓣蒜，百里香和馬郁蘭，適量鹽和黑胡椒，月桂葉。

豬肉去皮去骨，小牛肉（尤其是大腿肉，非常宜於做陶盅肉醬）以及½磅（250公克）培根一起都切丁；要是你真的需要節省時間，就請肉店把豬肉和小牛肉絞成粗粒。大蒜、杜松子（8顆左右）以及香草全部切碎加到肉裡，並加磨碎的肉豆蔻衣或肉豆蔻以及鹽和胡椒調味。鹽不要放太多，因為培根已經含有相當鹽分。把肉全部放到大碗裡，注入白酒和白蘭地，仔細拌勻之後，放置2小時。

將剩下來¼磅（125公克）的培根切成火柴般長度，寬度和厚度皆為¼吋（0.6公分）。將這些培根肉絲交錯鋪在陶盅（1個或多個）裡，然後把肉醬填到陶盅裡，要填得很實，差不多滿到盅口。然後在面上放1片月桂葉，再交錯放上培根肉絲。烤盤裡放水，約半滿程度，然後把陶盅放在烤盤裡，用慢火（240~310℉／115~155℃／煤氣爐¼~2檔）烤，小陶盅烤1½小時，較大的陶盅就烤2小時。烤的時間其實取決於陶盅的深度。等到陶盅稍涼，就在表面蓋上防油紙，然後加上2磅（1公斤）的重物壓上幾小時。要是打算儲藏起來，就用純豬油封住表層。要是有多餘的火腿要用掉，可以用1磅（500公克）火腿來代替½磅（250公克）培根，但鹽要放得很少。

*

勃艮地歐芹火腿

Jambon persillé de Bourgogne

*

這是勃艮地復活節期間吃的傳統料理。以下這道食譜是得自於第戎的馳名餐廳「Trois Faisans」。

將1條火腿浸24小時，以便去除鹽分。用大鍋水將火腿煮到半熟，以1磅（500公克）火腿煮10分鐘，而不是按照平常的20分鐘為計。煮過瀝乾水分，去皮去骨，切成大塊。

然後重新煮過，這次加上約1磅（500公克）切塊的小牛大腿肉；2隻小牛腳；1束茴芹配龍艾；10粒白胡椒，用紗布包起紮住；少許鹽，然後注入勃艮地白酒淹過材料，燒滾之後用中火繼續燉，溫度要穩定，以保持湯的清澈，因為煮出來的湯汁涼透之後要凝結成肉凍的；並不時撇去浮在湯汁表面的肥油。

火腿煮到熟透之後，用叉子略微將之壓爛，然後放到大碗裡，再用叉子壓過。用紗布過濾湯汁之後，加少許龍艾醋到湯汁裡。等到湯汁逐漸凝結成凍之際，加2大匙歐芹末進去並拌勻。把這歐芹肉凍汁淋在火腿上，放置於陰涼處擺到第二天即可。

*

煨鵝

Oie en daube

*

將鵝放在厚重耐高溫的砂鍋裡，加培根丁、歐芹、紅蔥頭、大蒜、百里香、月桂葉、羅勒、2玻璃杯（360毫升）水、2玻璃杯紅酒、½玻璃杯（90毫升）干邑白蘭地、鹽和胡椒。嚴密封住砂鍋之後，用最慢火煨5小時。煨好之後將湯汁過濾，涼了之後把表面凝結的肥油去掉，淋到鵝肉上，當作冷盤來吃。也可以用同樣做法來煮雞，整隻或切成大塊去煮皆可。

＊

普羅旺斯風味香濃燉牛肉

Boeuf à la mode à la Provençale ❷

＊

3~4磅（1.5~2公斤）牛股肉或腰部上肉，將小片培根和大蒜片嵌入肉內，用細繩環繞牛肉紮住，加鹽和胡椒調味，並用培根肥油將牛肉每一面煎到略呈焦黃。之後，把牛肉放進深口砂鍋裡，蓋以相當分量炒好的洋蔥，並加5~6根胡蘿蔔、1塊芹菜、1片橙皮或檸檬皮、百里香、月桂葉、胡椒粒、丁香，還有1隻切碎的小牛腳，注入分量各半的水和紅酒。放在火爐上用最小火燉，或者放在烤箱裡用最慢火（240~310°F／115~155℃／煤氣爐1~2檔）煨7~8小時。

燉好之後取出牛肉，此時肉應該用匙羹就可以切開了，把細繩除掉，將牛肉放到菜盤裡。濾出湯汁淋到牛肉上，涼透之後除掉表層凝結的肥油，這時牛肉應該整個遍覆清澈軟肉凍。

用帶皮烤熟的馬鈴薯和清淡的沙拉來佐這道菜就好，不要再做其他蔬菜料理來配。

---

❷香濃燉法：à la mode，原意爲「合乎時尚」，此牛肉料理乃十八世紀期間出現，主要是將牛肉先用紅酒和香料醃過，先煎後加胡蘿蔔和洋蔥一起用文火煨。

*

冷盤松露里脊豬排卷

Filet de porc frais truffé froid

*

這道佳餚食譜是Paul Poiret收錄在那本《一零七道食譜，烹調珍藏》（*107 Recettes et Curiosites Culinaires*）裡的一道。

「你需有上等里脊豬排，宰割自嫩豬身上；將生松露切成鴿蛋般大小。用刀尖在豬排裡面割開多道深口，深口彼此相隔幾公分，然後嵌入一塊松露，要把松露往肉裡塞到與肉面齊平，猶如鑲嵌大理石效果。整塊肉片嵌好松露之後，加鹽和胡椒調味，然後捲成好看形狀，用線紮緊之後烤熟它。

「烤好之後，連肉帶烤出的肥油一起擺到涼透，第二天才吃。」

*

希臘碎豬肉凍

Pictí

*

Pictí即希臘文「碎豬肉凍」之意。

先用水加大量月桂葉和胡椒粒煮1個豬頭，要煮幾小時。

煮好之後將豬頭肉切塊，排好在大陶盆裡，煮出的高湯過濾之後，加3~4個檸檬的汁到高湯裡，倒在豬頭肉上，留待涼透凝結成肉凍。

這道料理看起來雖不怎麼精緻，但通常很好吃。

*

西班牙豬肝雜碎

Chanfaïna of liver

*

1磅（500公克）豬肝，3大匙橄欖油，4個洋蔥，幾片薄荷葉，2~3歐芹梗（切成末），2個紅甜椒，3瓣大蒜，少許孜然芹籽、肉桂、番紅花、黑胡椒，麵包粉。

豬肝切塊用加鹽滾水燙過。鍋中橄欖油燒熱之後，將所有配料放下鍋，只有麵包粉不放。

配料炒1~2分鐘之後，將已經瀝乾水分的豬肝放到鍋裡，並加一點燙過豬肝的水，慢火滾幾分鐘之後，加入麵包粉攪勻。

煮好全部盛到盤裡，涼透了才吃冷盤。

*

配冷盤肉吃的甜椒

Pimentos to serve with cold meat

（艾斯科菲耶❸的食譜）

*

在厚重型鍋裡倒2酒杯（75~100毫升）的橄欖油，燒熱之後放1磅（500公克）洋蔥末和2¼磅（1.2公斤）紅甜椒，紅甜椒要去核心和籽，切成環形。蓋上鍋用慢火煮15分鐘之後，再加2磅（1公斤）熟透的去皮番茄，1瓣大蒜，1小匙薑粉，1磅（500公克）糖，½磅（250公克）蘇丹娜葡萄乾，1小匙綜合香料。注入1品脫（600毫升）上好的醋，繼續用很小的火煮3小時。

餐前小菜

由於本書沒有讓我另起一章專講餐前小菜，所以我就把幾種餐前小菜歸到冷盤這部分來講。在西班牙、法國南部還有義大利，餐前小菜是小事一樁，通常是橄欖、乾肉腸、番茄或紅甜椒沙拉、還有浸在橄欖油裡的鯷魚，要不就是一盤新鮮甲殼海鮮類、斑節蝦或海膽（長滿尖刺的海膽一剖爲二，用麵包片蘸挖出海膽卵來吃）。熱那亞人則很喜歡以薩丁尼亞羊乳酪（sardo，這是從薩丁尼亞島進口的羊奶硬乳酪）當餐前小菜，還有嫩的生蠶豆，以及當地產的香辣乾肉腸。在希臘吃下酒小菜（mézé，等於我們吃的餐前小菜）則是用來佐以開胃酒，而非作爲正餐的部分。你可以在沙灘上的餐桌就座，喝著茴香酒，兩腳幾乎可以伸到愛琴海裡，年輕小夥子提著一籃籃裝了稱之爲kidónia（海榲桲）的小蛤蜊穿梭在沙灘上，要吃的話，他們就站在你桌旁幫你撬開；不然服務生也會爲你端來大托盤盛著的橄欖，都是希臘產的形形色色橄欖，最美味的一種是浸在橄欖油中的紫色卡拉馬塔橄欖，還有一碟碟的atherinous（一種炸小魚，類似我們所說的銀魚❹），片片易碎的乳酪

---

❸艾斯科菲耶：Georges-Auguste Escoffier，1846-1935，被譽爲近代「至尊大廚」。

mysíthra，或者graviera（堪稱克里特島的格律耶爾乳酪），小段火烤的章魚，小巧的kephtédés（用壓爛的菜豆做成的炸丸子），一切爲四的生蕪菁（聽起來好像很難以置信，但事實上非常美味，因爲再沒有其他蔬菜比這些從園圃中才挖出的小蕪菁更有蔬菜鮮味的了），用冰水鎮得透涼的新鮮黃瓜片；所有這些小菜都伴以青檸或檸檬和大堆麵包上桌。此外還有很多種燻製或加工過的魚類：lakerda（一種燻鮪魚）、紅魚子醬（brique）、botargue（鮪魚卵壓扁之後做成香腸般，吃時切片並配以橄欖油和檸檬）❺，還有燻鱈魚子乾，我也爲此寫了食譜。

在土耳其和埃及有一種稱爲bastourma的火腿，源自亞美尼亞，這種火腿口味很重，加了大蒜和紅甜椒，希臘諸島上的農民製作一種小塊火腿肉排，加了很多香草調味，也是風味絕佳。賽普勒斯人吃加了芫荽籽調味的香辣小香腸，義大利人則有十幾種當地產的乾肉腸和鄉村火腿，其中最好吃的莫過於聖丹尼和巴爾瑪的生火腿（prosciutto），配上無花果或蜜瓜一起吃，或甚至就是配牛油，都必然堪稱所有餐前小菜之中最完美的小菜。

---

❹譯按：類似俗稱的吻仔魚、白飯魚，但略大條。

❺譯按：類似台灣的烏魚子乾。

*

黑橄欖

Black Olives

*

「整個地中海區，雕塑、棕櫚樹、金珠、鬚髯英雄、葡萄美酒、理念、月光、有翼妖魔、古銅膚色的人、哲學家——一切都像是由齒頰之間的黑橄欖衝人味道裡冒出來了。這味道比肉類的更古老，比葡萄酒的更悠久，就跟冷水的味道一樣古老。」❻

*

綠橄欖

Green Olives

*

用來佐雞尾酒或當作餐前小菜的橄欖，最好是去買那種論磅出售，而不要買玻璃瓶裝的；不妨按照以下方式來醃，在馬賽就是這樣做的。

選小顆、長橢圓形的法國或希臘橄欖。用刀在每顆橄欖上劃開一個口，然後層層疊放在闊口瓶中，並加些切片大蒜，2~3根百里香的梗，以及1小片辣椒，將瓶注滿橄欖油，然後蓋上瓶口。這做法

❻原注：摘自勞倫斯．杜雷爾的《普羅斯佩洛的斗室》（*Prospero's Cell*）。

可保橄欖儲存數月而不變壞。

黑橄欖也可以用這方法保存，或乾脆只用橄欖油浸住而不加大蒜或百里香。賽普勒斯的綠橄欖則先壓扁並加芫荽籽調味。

*

啄無花果鳥

Ambelopoùlia

*

這種啄無花果小鳥或稱「beccafica」，在賽普勒斯都是用醋醃保存起來，連骨帶肉整隻一起吃下去。

1打啄無花果鳥拔毛並斬去鳥腳，如果打算醃製的話，就把頭也斬去，但不要剖腹清除內臟。

用小煮鍋把水燒滾，放1小匙鹽到水裡，然後把小鳥放到鍋裡煮5~6分鐘，取出並瀝乾水分，待涼透。可以就這樣當冷盤吃，也可把它們放進玻璃或陶製的闊口瓶裡，用葡萄酒醋浸住，醋裡可以加1大匙鹽或是不加，隨你喜歡，用這方法可以保存長達一年之久。

*

葡萄葉卷

Dolmádes

*

用葡萄葉卷裹美味可口的飯做成的dolmádes，在希臘、土耳其和中東是非常受人喜愛的頭盤小吃。有時飯也混有肉類、松子，或甚至無子葡萄乾。以下是基本做法：

3打葡萄葉所需的餡料約2茶杯（400毫升）飯，飯要混足量橄欖油以便使之潤口，並加少量洋蔥末，用一點牙買加胡椒和乾薄荷調味。將葡萄葉放在燒滾的鹽水燙過，取出瀝乾水分，平放在板上，葉底部朝下。在每片葡萄葉裡放1匙飯，然後像包裹東西一樣捲折起來並將葉端塞入折縫，捲好之後放在掌心略微一握，葡萄葉卷就會固定住而不會散開，因此並不需要綁住。全部捲好之後，小心放進淺鍋裡，擠大量檸檬汁淋在上面，並加1杯左右（足夠淹到整堆葡萄葉卷的一半）的番茄汁或好高湯。用小盤或小碟蓋在葡萄葉卷上面，但不是蓋住鍋口而是落在鍋裡。盤子可以防止葡萄葉卷在煮的過程中浮動。用慢火滾30分鐘，涼透了才吃最好。

如今很多超市和熟食店都可買到從希臘進口的罐頭裝葡萄葉卷，只要開罐取出，放在漏盆裡沖一下，放到淺盤裡時排成金字塔狀，擠些檸檬汁在上面就可吃了。

*

涼拌茄子泥蘸醬

Salad of aubergines

*

這是源自希臘和中東的好吃料理，在那裡通常都當作下酒小菜來吃，吃時將麵餅撕成小塊蘸來吃，佐以開胃酒。

3~4個大茄子帶皮放在火上烤，烤軟之後撕去茄皮，把茄肉放在乳缽裡，加2瓣大蒜、鹽和胡椒，搗成茄泥，搗的過程中猶如打蛋黃醬一樣，一點一滴地加進少許橄欖油。等到搗成了很稠的茄泥，就加半個檸檬的汁和1把切碎的歐芹到茄泥裡。

火烤茄子使得做出來的茄泥略微帶有煙火氣味，很有特色。要是喜歡的話，也可以用水煮而不用火烤。

*

醃茄子

Aubergines in a marinade

*

茄子縱切為二，不要去皮，在茄肉上撒些鹽，然後放置2小時。茄子出水之後擠乾水分，用橄欖油略微煎過。

煎好的茄子放進闊口瓶中，把調好的醃泡汁倒進去，醃泡汁以2份橄欖油配1份白酒或葡萄酒醋調成。

用這方法可以保存幾天，既可作為餐前小菜，也可以用來做鑲茄子或者放在燉菜裡當配料。

*

燻鱈魚子乾以及紅魚子泥蘸醬

Taramá and Taramásalata

*

Taramá用來稱鹽醃、壓扁曬乾、略微燻過的鱈魚子，裝在大木桶中出售——在希臘和土耳其是很受人喜愛的下酒小菜。要買真正道地的燻鱈魚子乾可以到King Bomba義大利食品店去買，地址是：37 Old Compton Street, London WI。

取¼磅（125公克）燻鱈魚子乾，放在乳缽裡，加1~2瓣大蒜、檸檬汁一起搗爛，搗的過程中並輪流加橄欖油和冷水各約4大匙，加時要慢慢加，直到全部搗成了很均勻柔滑的醬狀。吃紅魚子泥時配以麵包或者熱的烤麵包片。

希臘的燻鱈魚子乾跟英國鹽少醃燻多的鱈魚子味道差不多，因此也可以用這方法來做英國的燻鱈魚子，先剝去魚子衣（不然也可以用罐裝的魚子糊）。有時也會用1~2片白麵包，去掉麵包皮，用冷水浸軟之後擠乾水分，在搗鱈魚子泥的過程中加進去，麵包有助於減輕魚子中所含鹽分，使得味道較溫和，搗出來的魚子泥也比較濃稠。

*

尼斯風味醃沙丁魚

Sardines marinées à la Niçoise

*

新鮮沙丁魚用火烤過，然後用加橄欖油加幾滴醋、1片月桂葉、少許胡椒粒和香草醃幾天，作為餐前小菜。

*

芝麻醬鷹嘴豆泥蘸醬

Hummus bi tahina

*

這是道阿拉伯菜的埃及做法。Tahina是芝麻醬（可在倫敦的東方食品店❼裡買到），這種醬混有橄欖油和大蒜，加水稀釋之後作為醬汁，在阿拉伯國家就用麵餅蘸這種醬汁來吃，作為蘸醬。

做這道餐前小菜所需材料是½磅（250公克）鷹嘴豆，芝麻醬和水各1茶杯(200毫升)；少許檸檬汁，薄荷，大蒜，2大匙橄欖油。

鷹嘴豆要先浸透❽，用大量水以慢火煮3~4小時。做這道料理得要把豆子煮得很軟才行。煮好取出瀝乾水分搗成豆泥，若你喜歡，

---

❼原注：The Hellenic Provision Stores, 25 Charlotte Street; John and Pascalis, 35 Grafton Way, Tottenham Court Road; The little Pulteney Stores, Brewer Street,WI。

❽原注：或者用罐裝的鷹嘴豆，重新煮到軟爲止。

也可以用食物調理機打成豆泥。搗爛2~3瓣大蒜加到豆泥裡，攪入芝麻醬、橄欖油、檸檬汁，並加鹽和胡椒調味。加水到豆泥裡拌勻，直到豆泥的稠度猶如濃稠的蛋黃醬為止。這時放約2大匙乾的或新鮮薄荷到豆泥裡拌勻。做好的豆泥可倒入一個淺盤裡，或分盛在小碟裡每人一碟。涼透之後的豆泥凝結得頗厚實。

*

芝麻蘸醬

Tahina salad

*

在乳缽裡搗爛1瓣大蒜；放1茶杯（200毫升）芝麻醬，少許鹽、胡椒，½茶杯（100毫升）橄欖油，½茶杯水，適量檸檬汁，略微切碎的歐芹，將之全部拌勻即可。拌出來的芝麻蘸醬稠度應該猶如鮮奶油。在埃及和敘利亞，一碗芝麻蘸醬既可用來佐餐前飲料，又可作為餐前小菜，配以醃黃瓜、醃蕪菁，還有該國風味的麵餅（Esh Baladi），吃時就用麵餅蘸碗裡芝麻蘸醬。

*

普羅旺斯三明治

Pan bagnia

*

將新鮮法國麵包卷❾縱切為兩半，用大蒜在剖面上塗擦一番，然後分布一些去核黑橄欖、紅甜椒或青椒塊、番茄片，以及生的嫩蠶豆，在麵包卷上淋一點橄欖油和醋之後，闔上兩半麵包，用重物壓住30分鐘。

在普羅旺斯，每逢滾球比賽進行時，咖啡館就會供應這種三明治並佐以一瓶葡萄酒。用來做三明治夾餡的材料依時節而不同，或者看有哪些可用而定，所以可能會有鯷魚，有酸黃瓜、朝鮮薊心、萵苣等等。說不定這種夾餡麵包是從尼斯風味沙拉變出來的，因為材料大同小異，只不過尼斯沙拉沒有用麵包夾住。

塡料理

「普羅旺斯的招牌美食之一，但卻是家常菜；遊客在餐廳的菜單上要找這道料理可是白費心機。

「裝料理的容器彰顯了料理內容，這料理其名乃得自於做這料理所用到、產於瓦樂利❿的厚重大陶盅『塡』，裝好材料之後就送到烘焙店裡燃燒著熊熊柴火的烤爐裡去烤。這料理包括了做焗盆料理所用到的青蔬，菠菜和牛皮菜，有時也混以瓜類，全都切碎，先用橄欖油炒軟（這是必需步驟）。因此之故，在盛產橄欖油的地區就會見到這料理，然而每個地區卻又各適其式，各具當地特色。在高山區裡

❾譯按：可用切段的法式棍子麵包代替。

❿瓦樂利：Vallauris，法國南部著名陶藝城市。

的做法並不介意採用鹽漬鱈魚，但在沿海區則會以新鮮沙丁魚或鯷魚取代鹹魚。

「這道宛如鑲嵌圖案的美味還可以加幾瓣大蒜、幾杯米飯，或者1把鷹嘴豆，使內容更豐盛。另一種更精緻的做法是用蛋來凝結料理，並在面上撒滿麵包粉和巴爾瑪乾酪。

「填料理也是可以事先做好帶去當野餐的料理。有個故事講到六個卡爾龐特哈⓫的老饕相約野餐，並各自準備好吃的招待其他人，結果到時人人都帶來了令人訝嘆、分量十足的填料理；六人全都吃得津津有味一掃而空。沒有一個能夠想像得出世上還有什麼料理比這更好的。」

——摘自H. Heyraud所著《尼斯美食》（*La Cusine à Nice*）

*

鑲麵包

Patafla

（很適合雞尾酒會或野餐用的食譜）

*

4個番茄，1個大洋蔥，2個青椒，2盎司（60公克）黑橄欖，3盎司（90公克）綠橄欖，2盎司（60公克）酸豆，2盎司（60公克）

⓫卡爾龐特哈：Carpentras，法國南部城鎮。

酸黃瓜，1條法國長麵包。

番茄去皮，橄欖去核，青椒挖去核心取出籽，把它們跟其他配料一起切碎。麵包縱切成兩半，用尖刀挖出麵包心，麵包心用來混合番茄餡料，加一點橄欖油，少許紅圓辣椒粉、黑胡椒和鹽，然後揉勻餡料。

把餡料填入挖空的麵包殼內，然後闔上壓緊，放到冰箱裡。

吃的時候切成¼吋（0.6公分）厚的麵包片，堆疊在盤子裡。

鑲麵包一定要在吃的前一天就先做好。

*

普羅旺斯沙拉

A Provençal salad

*

芹菜絲混以切碎的西洋菜、刨碎的橙皮、歐芹、大蒜、去核黑橄欖，以及幾片番茄，淋上橄欖油和檸檬汁拌勻即可。

*

摩納哥風味洋蔥

Oignons à la Monégasque

*

選小顆醃漬用的洋蔥，剝皮後放到少量燒滾的水中。

煮到半熟時加橄欖油，並加少許醋，2~3個切碎的番茄，百里香，歐芹，1片月桂葉，以及1把無子葡萄乾。等涼透了之後吃冷盤。

*

甜椒沙拉

Salad of sweet peppers

*

煮熟而且涼透的紅甜椒（或者紅甜椒和青椒混合）淋上橄欖油和醋拌勻即成。

*

希臘風味蒜苗

Leeks à la Grecque

*

先水煮一些小棵蒜苗，等到快要涼透時便倒去大部分水，只留下剛好淹住蒜苗的分量就好。舀一些煮蒜苗的水加到1小匙太白粉裡攪勻，然後倒回蒜苗鍋裡邊煮邊攪，直到湯汁有點變稠。擠1個檸檬的汁到鍋裡，並不停攪拌，再加1大匙橄欖油。讓蒜苗留在湯汁裡待涼，涼透之後應該有點晶瑩透澈狀。

連湯汁一起食用。

*

白菜豆沙拉

Salade de haricots blancs secs

*

將煮熟而變涼的菜豆瀝乾水分，趁微溫時混以橄欖油和醋、切碎的洋蔥、乾肉腸片以及歐芹。

*

菠菜沙拉

Salade aux épinards

*

將洗淨的菠菜浸入燒滾的水中3分鐘，取出瀝乾水分，和一些煮熟涼透切片馬鈴薯以及切成薄片的格律耶爾乳酪混在一起，用1匙鮮奶油加1個檸檬的汁混合來拌沙拉。

*

酸黃瓜沙拉

Pickled cucumber salad

*

優格1碗，加少許酸黃瓜的醃泡汁、1把切碎的薄荷、少許糖到優格裡，混好之後加入切片的酸黃瓜。

幾種甜品

雅典的冰淇淋

「大約傍晚六點半的時候，人家帶我去到大學林蔭大道盡頭處的那家馳名咖啡館去，咖啡館的名字我想不起來了。眼看著未來幾天裡我大概就只有白飯可吃，因此見到服務生送來飲料單上竟然有三十多種不同的冰淇淋，這誘惑簡直令人驚駭。原本只要是義大利冰淇淋小販剷起抹入厚玻璃杯裡的香草冰淇淋就足以把我靈魂勾去了；可是現在這裡卻有機會嘗到各種口味的冰淇淋，平常的香草冰淇淋相形之下就成了小巫見大巫。儘管明知稍微縱容自己一番對我的病情是再壞不過的事，然而卻控制不了我的貪心與好奇，當時我眞的是認爲品嘗這些冰淇淋看看哪種最好吃，這件事情比我的性命還重要。我懷著像那些爲科學而勇於犧牲的人所具的熱情，感同身受地明白了驅使人去北極探險的動力，終於了解藍鬍子老婆法蒂瑪❶因爲好奇而產生的奮不顧身的衝勁。就算沒得痢疾和膀胱炎，恐怕也沒人能夠眞的把飲料單上列出的冰淇淋全部都吃遍，我記得一清二楚，這輩子可從來不曾這麼心急地要做出最恰當的選擇。希臘神話

❶譯按：藍鬍子是法國民間故事中連續殺害六個妻子的人，法蒂瑪是第七任妻子，因爲承受不住好奇，不遵藍鬍子之命而私下打開上鎖房間，看到之前的受害者而差點遭藍鬍子殺害。

裡的巴里斯王子當評判，要決定把金蘋果給三位女神中最美麗的一位，他的左右爲難比起我來差遠了。我望著服務生，想著能否倚賴他的品味來導引我做出恰當選擇，以便明天我若爲今天的貪吃而承受苦果時，可以不用埋怨是自己選錯了冰淇淋而造成的。就在我努力要做出決定要選擇多少種，讓這些分量的冰淇淋使我病情更加嚴重時，已經被人拉著去介紹認識了一幫駐外英國海軍人員的太太們，她們慣常在夜幕低垂時來此碰面湊興……我於是聽到說飲料單上哪六種冰淇淋是最好吃的，結果我吃了其中四種。然後，想到即將要捱那白飯滋味的日子，我就決定不如善加利用剩下還可活的命好了，於是趁還可以自由吃喝的那個最後夜晚，我的晚餐點的是淡水螯蝦配蛋黃醬。」

——摘自麥肯齊❷所著《最初的雅典回憶》（*First Athenian Memories*）

我在這部分只收錄了幾道甜品食譜。因爲在這些南歐國家，尤其是在東地中海區，甜品經常是包含極甜的小糕餅和油酥點心，以及一盅盅新鮮水果。糕餅材料往往採用大量雞蛋、糖、蜂蜜、杏仁、開心果、玫瑰露、芝麻，還有其他阿拉伯風味的食材。通常還會送上小盅優格，加糖和蜜餞榅桲

---

❷麥肯齊：Compton Mackenzie，1883~1972，英國多產作家。作品有小說、戲劇、傳記100多種。1923-1962年爲《留聲機》（Gramophone）雜誌創始人和編輯。1952年受封爲爵士。

或一些橙一起吃，這類蜜餞更近似果醬而不像是我們的糖水煮水果❸。希臘人還很愛吃一種板狀的冷甜米糕，叫做「rizogalo」，撒上很多肉桂粉，「loukoumadés」則像很小的甜甜圈，吃時蘸蜂蜜糖漿，還有「balkawá」，是源起於土耳其的酥皮餅，用蜂蜜和杏仁做成。

麥肯齊先生見識過、引誘他難以把持的那大堆各式冰淇淋，據我所知，依然是雅典大咖啡廳裡的特色；但是在小酒館或典型的希臘餐館裡面，你是見不到的。雅典人晚飯吃得很晚，所以都先到這類咖啡館去喝茴香酒或Varvaresso白蘭地，到晚上九點鐘才吃晚飯。吃過晚飯之後，又再回到原先的咖啡館去吃冰淇淋和甜糕點，並喝土耳其咖啡。

夏季期間，桌上會擺大碗的冰鎮新鮮水果，蜜瓜是飯後才吃，而不是開始吃飯時吃，還有美麗的西瓜，因爲消暑止渴，所以希臘人也吃得很多。

冬季則有產自希臘和斯米那❹的肥美無花果乾和葡萄乾；大馬士革產的杏子乾，小而柔軟，連核一起曬乾的，並有loucoumi❺伴以很甜的土耳其咖啡。

在義大利，則有可口的碎冰冷飲（granite❻），西西里島的cassta（西西里冰淇淋蛋糕），各種精心製作的冰淇淋（不過這些都是一日之中當零食吃的，

---

❸原注：在希臘，家裡有生客上門時，一定用這種蜜餞款待，放在托盤裡連同一玻璃杯水和一小杯很甜的土耳其咖啡一起送上，這是表示好客的心意象徵，絕對不可拒絕。

❹斯米那：Smyrna，位於土耳其西岸，現稱伊茲密爾。

❺原注：即土耳其果仁軟糖。

❻譯按：類似台灣很流行的冰沙。

而不是飯後才吃；但近年來已逐漸有美國化的趨勢)。拿波里人有一種很美麗的扇形酥皮餅，餅內塡了奶油乳酪和香料，叫做「sfogliatelle」(拿波里乳酪千層酥)，還有他們的聖誕甜食「pastiera napoletana」(拿波里派)，這是用雞蛋、牛油、糖、杏仁、香料以及壓碎的小麥做成的厚實糕點。

西班牙人則或許會招待以果仁蛋白糖、turrons(非常美味的杏仁或杏仁醬做成的糖食)，榲桲或桃子糊作爲甜食。我也在西班牙享用過很好吃的海綿蛋糕以及不很甜的餅乾當早餐。普羅旺斯北部，位於Venaissin伯爵領地範圍之內的小鎮阿璞出產美味的糖漬杏子以及其他糖漬水果，只要是在尼斯、坎城和熱那亞商店裡見過那形形色色、嘆爲觀止的結晶糖漬水果，都會感到難忘。

在玫瑰色的城市土魯茲幾乎沒有一條街上見不到糖食店櫥窗裡陳列著小盒裝的糖漬紫羅蘭；還有普羅旺斯的艾克斯(Aix-en-Porvence)特產的calissons，這是很細緻的鑽石形杏仁霜小餅，是所有法國上品甜食之一。

幾乎所有這些精緻點心都是某一省的專業點心師傅或糖食師傅的絕活，而非業餘廚子做得出來的。因此之故，我列出的甜品食譜盡量選愛下廚者可以自己在家裡做的，同時又利用地中海料理用到的食材，橙、檸檬、杏子、杏仁、蜂蜜奶油乳酪、雞蛋、葡萄酒、蜂蜜等，當然，尤其是運用這些地區所出產的新鮮水果。

*

石榴冷飲

A dish of pomegranates

*

將6個石榴瓤全部挖出，放在銀碗裡搗爛，灑上玫瑰露、檸檬汁，加糖，冰凍後吃。

*

黑莓西瓜盅

Water melon stuffed with blackberries

*

如果在同一季節裡你恰好見到西瓜和黑莓，不妨試試做這道甜品。

西瓜切成兩半，去籽，紅色西瓜瓤切塊。擠檸檬汁淋在西瓜上並加些黑莓混合，然後把黑莓西瓜塊放回西瓜殼裡，加糖，放在冰塊上冰鎮。

*

烤香蕉

Baked bananas

*

香蕉剝皮縱切再切成兩半之後，放在烤盤裡，加牛油、黃糖、橙和檸檬汁、肉豆蔻、肉桂、1大匙蜂蜜、1玻璃杯（180毫升）蘭姆酒，最後在表面放些檸檬皮絲，用中火（320~370°F／160~190℃／煤氣爐3~4檔）烤30分鐘。烤出來的汁應該黏稠如糖漿。

*

水果沙拉

Fruit salad

*

水果沙拉可以做得很好吃；但也的確很容易做得一塌糊塗。以下是道很不錯的食譜，還包括了教你怎麼做拌水果沙拉的糖漿，因為糖漿好壞非常重要。

2個橙，1個蘋果，1個梨，1個葡萄柚，2條香蕉，3個新鮮無花果，2片鳳梨，新鮮的或罐頭裝的都可以。

做糖漿的方法如下：將2茶杯（400毫升）水燒滾；放10塊方糖到水裡，以及1個橙的橙皮絲，煮3分鐘後就熄火讓糖漿冷卻。

仔細把水果切好放到玻璃盤裡，淋1小酒杯（30~45毫升）馬拉斯加酸櫻桃酒（maraschino），接著再淋上煮好涼透的糖漿。

水果沙拉一定要冰得很透才行，而且必須在要吃之前的幾小時就動手做。

*

杏糊凍

Apricotina

*

½磅（250公克）杏脯，½磅（250公克）牛油，2盎司（60公克）糖，4個雞蛋。

先把杏脯用水浸2~3小時，用慢火煮透，留起10個左右作為點綴用，其他的則用漏篩榨濾過，把煮杏脯的水另外留起來，並留2大匙杏脯糊，也是作為點綴用。大部分的杏脯糊則放到煮鍋裡去煮，逐步加糖、牛油和蛋黃汁，邊煮邊攪動，直到煮成為柔滑羹狀為止。熄火讓它涼透。蛋白打成泡沫狀之後，拌進涼透的杏脯糊裡，然後將這混合物倒入塗了牛油的酥芙蕾烤盤裡，然後放在火爐上蒸45分鐘。涼透之後把這杏脯糊布丁倒進盤裡，在上面攤上之前留下杏糊，再擺上整顆煮好的杏脯。把煮杏脯的水加上同等分量的稀薄鮮奶油混合好，用來淋這杏糊凍。這道甜品最好是要吃的前一天先做好，放在冰箱裡，如此味道會更好，但如果是前一天做好的話，就先不要把點綴用的杏脯糊和杏脯放上去，等到要上桌前1小時才加上。

做這杏脯糊凍其實沒有聽起來那麼麻煩；做出來的效果則是介於軟糊蛋糕和冰凍酥芙蕾之間的甜品。

*

杏脯酥芙蕾

Apricot soufflé

*

½磅（250公克）杏脯煮透之後用漏篩榨濾過，放在塗了牛油和加了糖的酥芙蕾烤盤裡。用3~4個蛋白打成泡沫狀之後拌到杏脯糊裡，放到猛火（410~440°F／210~230℃／煤氣爐6~7檔）烤箱裡烤15~20分鐘即成。

*

冰凍香橙酥芙蕾

Cold orange soufflé

*

1品脱（600毫升）橙汁，約½盎司（15公克）骨膠，2大匙糖，2個雞蛋。

將骨膠放入橙汁浸30分鐘，之後加糖放到煮鍋裡，一燒滾了馬上從火上移開，先在容器裡打好蛋黃汁，將煮滾的橙汁徐徐過濾流到蛋黃汁裡，攪勻之後留待冷卻。蛋白打成泡沫狀拌入冷卻的橙汁蛋黃裡，放到冰箱裡讓它凝凍，吃之前用加了雪利酒打出來的鮮奶油加在上面。

*

埃及王宮餅

Esh es seraya

*

½磅（250公克）蜂蜜，¼磅（125公克）糖，¼磅（125公克）牛油，全部一起加熱煮成濃稠狀之後，加入4盎司（125毫升）白麵包粉到煮鍋裡，邊煮邊不時攪動，直到化成一團糊狀，便倒入盤裡或塔餅模具裡。等到涼透後就會成為軟餅糊狀，黏度跟英國糖漿塔的餡差不多，不過當然濃稠得多，而且可以切成一份份三角形塊。吃這甜品向來都要佐以奶油，不過這種奶油是用很小的火熬大量牛奶，熬到浮上牛奶面層的奶油很厚很濃時才將之撇起，由於很濃厚，所以從牛奶表面撇起時甚至可以堆起而不流散。吃王宮餅時就在每份餅上放一點這種奶油（採用現代低溫消毒過的牛奶是無法用來做這種奶油的）。

*

希臘乳酪蜂蜜派

Siphniac honey pie

*

以下列出的材料分量足夠裝2個中等大小的扁平派烤盤。

1磅（500公克）不曾加鹽的myzíthra（這是一種希臘新鮮乳酪，用綿羊奶製成：在英國的話，可以用常見的新鮮牛奶或奶油乳酪代替），4盎司（125公克）蜂蜜，3盎司（90公克）糖，8盎司（250公克）麵粉，8盎司（250公克）牛油，4個雞蛋，肉桂。

先用麵粉加牛油和一點水做成麵團，擀成薄麵皮鋪在派餅烤盤裡。蜂蜜加熱之後和乳酪攪勻，然後加糖、打好的蛋汁以及少許肉桂，調好之後倒入派餅殼裡，放到烤箱用中火（380~400°F／195~205℃／煤氣爐5檔）烤35分鐘。

烤好後在派餅面上撒少許肉桂粉。

*

油炸麵糊西梅

Beignets de pruneaux

*

將西洋梅乾先用很淡的茶❼浸2小時，然後再浸蘭姆酒。去核。做個油炸用的麵糊（做法見90頁），並加1大匙蘭姆酒到麵糊裡，西梅浸麵糊之後油炸。炸成金黃色之後，放到混有香草糖霜的巧克力粉中滾上一層糖粉。

---

❼譯按：此處應指紅茶。

*

無花果米糕

Gâteau de figues sèches

*

1磅（500公克）無花果乾，1½品脫（750毫升）牛奶，4大匙米，2盎司（60公克）牛油。

用厚重大煮鍋熱牛奶，然後放米到鍋裡，用慢火滾15分鐘，煮到米變軟但沒有熟透。熄火之後讓它涼一下，才徐徐加入打好的蛋汁，混入切碎的無花果乾以及軟化的牛油。

將混合好的材料倒入塗了牛油的蛋糕模具或帽狀凸圓模，容量要夠大，以便米煮熟膨脹時有足夠空間容納。3品脫（1.8公升）容量的烤模大約正合適。

放在烤箱下層架上烤，用很小的火，（310°F／155℃／煤氣爐2檔）烤1½~2小時。

米糕從模具裡倒出來就可，可以熱食也可以冷食。

這是頗類似餵小孩吃的原味甜品，但價廉物美，而且由於米的分量比例小，因此不會變成稠厚飽肚子的食物。

有時我也在用牛奶煮米時加一點刨碎的橙皮或檸檬皮。我認為用杏脯來代替無花果乾會更好——你喜歡的話，在把材料倒入烤模裡之前，可以先在烤模裡的底部攤一層薄薄的杏子果醬。烤好之後倒出米糕時，這層果醬就產生了裝飾效果。

*

葡萄乾白乳酪

Fromage blanc aux raisins secs

*

½磅（250公克）未加鹽的奶油乳酪（用國產的或法國的Isighy或Chambourcy都可以），一些麝香葡萄乾（muscatel raisins），1小玻璃杯（30~45毫升）白蘭地，糖，檸檬皮，少許肉桂。

葡萄乾用水浸1~2小時，然後用慢火煮10分鐘，加白蘭地（或櫻桃白蘭地），1小片檸檬皮，少許肉桂。

奶油乳酪加2~3大匙精白砂糖打勻，煮好的葡萄乾連汁一起加到乳酪裡，喜歡的話，還可以再多加一點所用的白蘭地。把這混合材料放在紗布裡，置於冰冷處幾小時讓它瀝乾水分。吃的時候配以普通餅乾。

*

烤無花果

Figues au four

*

在耐高溫的盤子裡擺好尚未完全熟透的連皮無花果，倒一點水到盤裡，撒點糖，然後放到烤箱去烤（就像烤蘋果一樣）。

涼透了才吃，吃時加鮮奶油。

*

煎麵包

Torrijas

*

這是歐洲大多數國家都知道的甜品，想出這做法以便消耗掉不新鮮的麵包，不過這道是西班牙版本，在法國稱之為「pain perdu」❽。

先做糖漿，用¼磅（125公克）糖，加1咖啡杯（200~230毫升）的水，1小片檸檬皮，少許肉桂，一起煮10分鐘左右。糖漿涼了之後，再加1小玻璃杯（30~45毫升）有甜味的白酒或雪利酒。

切8~10片白麵包，大約¼吋（0.6公分）厚。先在牛奶（約½品脫／300毫升）裡浸一下，再在蛋汁裡浸一下（用1個大的蛋打成的蛋汁就差不多夠用了）。

橄欖油燒得很熱時，放麵包片下鍋去煎到兩面香脆而呈現金黃色。吃時在煎好的麵包片上淋涼透的糖漿。煮糖漿時也可以不用糖而改用蜂蜜。

---

❽譯按：香港大眾化茶餐廳及大牌檔所賣的「西多士」即此種煎麵包。但所用糖漿皆爲工廠出產，並會在煎好的麵包上加一小塊牛油（或乳瑪琳）。

*

托斯卡尼白糖油炸餅

Cenci

*

這種白糖油炸餅用來配冰凍甜品最合適，例如慕斯、冰淇淋等等。

½磅（250公克）麵粉，1盎司（30公克）牛油，1盎司（30公克）細砂糖，2個雞蛋，幾滴干邑白蘭地，少許鹽，刨碎的檸檬皮。

用上述材料做成頗結實的麵團，盡力把麵團揉好，然後用沾了麵粉的布蓋住，擺上一段時間。每次取一小團，擀成薄如紙般，然後切割成各種形狀——蝴蝶結、新月形、辮狀或鑽石形等等。用刀在每片餅塊上劃個口，放到燒滾的肥油中炸一下就馬上翻轉，接著便取出。等到涼透了就撒上細白糖。

上述分量可以做出大量油炸小餅，一半分量的油炸小餅就夠6人份了。

*

優格

Yoghourt

*

從整個巴爾幹半島到中東地區，優格不僅拿來當甜品，也用來做醬汁（例如加在中東燴飯上，見162頁）、酸黃瓜沙拉（見250

頁）；早餐吃優格，其他頓飯也可以吃優格，在炎熱氣候中，優格的確是清淡又醒神的點心。不妨試試加黃糖和燉水果一起吃。佐以杏脯尤其佳，加新鮮的紫李、蘋果泥、黑醋栗泥、榲桲或酸橙果醬也都很好吃。

*

香橙杏仁糕

Orange and almond cake

*

3 個橙的汁，1 個橙的橙皮刨碎，4 盎司（125 公克）磨碎的杏仁，2 盎司（60 公克）細的麵包粉，4 盎司（125 公克）糖，4 個雞蛋，½ 小匙鹽，奶油，橙花露。

先將麵包粉、橙汁、刨碎的橙皮混合好，再加入磨碎的杏仁，如果手頭有的話，就再加 1 大匙橙花露。

蛋黃加糖和鹽打到發白地步，便加到上述混好的材料裡。蛋白另外打成泡沫狀，再將之拌入前面已經準備好的混合料內，倒入方形蛋糕烤模裡，烤模要先塗上牛油並撒麵包粉，然後用中火（320~370 °F／160~190 ℃／煤氣爐 3~4 檔）烤 40 分鐘左右。

烤好涼透之後就把蛋糕倒出來，在蛋糕面上蓋上打好的發泡奶油（約 ¼ 品脫／150 毫升）。這蛋糕好吃又不膩，作為午餐或晚餐的飯後甜品最好不過。

*

咖啡慕斯

Coffee mousse

*

½品脫（300毫升）牛奶，2個雞蛋，2盎司（60公克）糖，3片骨膠（不到½盎司／15公克），1杯（飯後喝咖啡用的杯子）不加糖奶的黑咖啡，¼品脫（150毫升）高脂濃厚鮮奶油。

牛奶加雞蛋和糖打勻，用慢火煮成稀薄蛋奶糊，過濾之後放置待涼。

黑咖啡放在小鍋或杯中，把骨膠片切成小片加到咖啡裡，然後把鍋或杯子放在熱水中或熱水之上，並不斷攪動使骨膠融化。等涼了之後過濾加到蛋奶糊裡。

輕輕攪打高脂濃厚鮮奶油，使之與咖啡蛋奶糊化為一體，等到快要涼透而且邊緣部分開始凝結時，就拌入打成泡沫狀的蛋白，然後倒入1個小的酥芙蕾盤子（約¾品脫／450毫升容量），或者分別倒入幾個茶杯或玻璃杯裡，讓它凝結成慕斯。

上述分量足夠4人份。

*

巧克力奶油慕斯

Chocolate cream mousse

*

2盎司（60公克）烹調用無糖巧克力弄碎放到耐高溫盤子或碗裡，加2大匙不加糖奶的黑咖啡，放在慢火（240~310˚F／115~155℃／煤氣爐¼~2檔）烤箱裡熱3~4分鐘。這分量的巧克力需要用4個蛋白來做慕斯，蛋白要打成可以堆起的泡沫狀。將融化的巧克力咖啡打成柔滑糊狀，加1小匙（鹽匙）肉桂粉攪勻，然後將打好的蛋白倒入其中，將兩者拌勻，要上下翻炒般拌勻。之後加¼品脫（150毫升）輕輕打好的發泡奶油和1小撮鹽，將混好的材料倒入幾個玻璃杯或小茶杯裡，放到冰箱冷凍成慕斯。足夠做成4~5份。

*

香橙布丁

Crème a l'orange

*

5個橙，1個檸檬，4盎司（125公克）白糖，4個生蛋黃，少許橙味利口酒（君度香橙白蘭地、金萬利香橙白蘭地、古拉索橙酒❾）

---

❾君度香橙白蘭地：君度，Cointreau；金萬利，Grand Marnier，皆為品牌名字；古拉索橙酒：orange Curacao，用荷屬古拉索島的陳皮製成。

或佐甜品的帶甜味葡萄酒。

將濾過的橙與檸檬汁（加起來應該有½品脫／300毫升左右）一起放到煮鍋裡，並加入打好的蛋黃汁和白糖，用慢火煮，並不時攪動，一如煮醬汁或蛋奶糊般，要煮到變稠需要花點時間，如果見到鍋周邊有點黏結狀，就表示差不多了，不過稠度絕不至於用匙羹舀起時會凝結堆起。將煮鍋從火上移開，繼續攪動這鍋果汁蛋糊使之變涼，到這時應該可以看出頗濃稠了。

把這果汁糊倒入4個奶糊凍杯子或玻璃杯裡，放到冰箱冷凍一晚。不要設法把布丁從杯裡倒出來擺到其他容器，或者加發泡奶油。這種香橙布丁最好就是用匙羹直接從杯裡舀起食用，什麼都不加，但應該佐以鬆軟的手指餅乾、蜂蜜蛋糕或杏仁餅乾。

*

葡萄酒烤梨

Pears baked in wine

*

最棘手的烹製梨子用這做法可以做出美味來，尤其適合那些廚房採用固體燃料爐灶的家庭。

梨削皮，但保留梗子。把它們放到深的耐熱鍋裡或瓦罐裡，以每1磅（500公克）梨配3盎司（90公克）糖為計，放入應有分量。注入日常紅葡萄餐酒或佐甜品的帶甜味葡萄酒，淹到梨的一半就好，另外再加水淹過梨子。用最慢火（240~310℉／115~155℃／煤氣爐¼~2檔）烤5~7小時，甚至烤一晚，烤到梨子相當軟為止。

烤好的梨子呈現深紅色或琥珀金黃色，要等涼透了才吃，吃時淋以烤出來的汁（可以將這汁用大火滾幾分鐘收乾成為糖漿狀），加鮮奶油，或者另外佐以加了奶油的米飯。甚至還可以等冷了之後，用燙過去皮的杏仁片遍嵌梨身，點綴得看起來像盛宴甜品。

*

加糖橙片

Sliced and sugared oranges

*

在義大利，餐廳的迷人之處之一，是服務生會來到你桌前，用叉子叉起一個橙，眨眼間以乾淨俐落又優雅的手法切好橙片放在你盤裡，一點也不會浪費掉橙汁，也不會見到橙皮或核。實在是富有娛樂性又高明的專業手法，看得人入迷，卻很難以仿效。所以我自己來做切片橙，而且這道甜品也是從來都很討好的，年復一年，不管什麼時節，我的做法簡單得多。

要用一把利刀，最好刀口是鋸齒狀的：

一.先將橙橫切為兩半，再將每一半切成4塊。

二.挑出子，將每片橙周邊的橙皮都削乾淨。

三.俐落地從橙皮割出橙瓤來使之直接落到大碗裡，一點都不要帶有橙皮（得要略微浪費掉一點橙瓤才能割好橙片）。

四.在橙片上撒上白糖，冰過之後才吃，放在深酒杯裡，按照橙的大小，大約每人份為1、1½~2片，如果你喜歡的話，在即將開飯之前先在每杯裡淋1大匙櫻桃白蘭地或君度香橙白蘭地，或者淋少許檸檬汁並撒點切碎的新鮮薄荷；要不換換口味，若是那時節的橙並非當季最好吃的話，也可以淋普通的日常紅葡萄餐酒或一點佐甜品的葡萄酒，例如賽普勒斯島所產的科曼得利亞酒（Commanderia）。

*

榲桲香橙沙拉

Quince and orange salad

*

將切片的橙跟糖水煮好的切塊榲桲（見274頁做法）混合，盛在高腳杯裡上桌。

*

紅酒桃子

Peaches in wine

*

義大利產的黃瓤桃子或法國桃子最適合用來做這道甜品。

以每人1個大桃子為計，如果桃子還硬或不夠熟，就將桃子放在滾水裡浸1分鐘左右，一次取一個將桃子皮剝掉，切片，最好是放到清亮玻璃高腳杯裡，1人1杯。如果你是為開大型派對而做這道甜品的話，那就用一個很深的水果盆，或者是古色古香有座腳、用來盛糖水煮水果的陶瓷盤。然後在切好的桃子片上撒大量細白糖並淋檸檬汁。等到就快要吃桃子時，才淋上足夠剛好淹沒桃子的普通日常紅餐酒。

也可以改用帶點甜味的葡萄酒，例如法國西南部產的Monbazillac，或者普羅旺斯、西班牙或義大利所產的麝香味餐後甜點酒，取代用日常紅餐酒，不過後者在法國家常使用上更為常見。

*

橙汁無花果

Fresh figs with orange juice

*

要選結實、未完全熟透紫紅或綠色的無花果，以每人份2顆為計。將梗切掉，但不要剝皮，然後對切為4塊，放在大碗裡，將新鮮擠出的橙汁淋在無花果上，8個無花果要用1個大橙。不用放糖，不過這道甜品要在吃之前1小時左右才做。

端上桌時，可以只用個純白沙拉碗盛住就可以，要不就個別盛在清亮透澈的高腳玻璃杯裡，一份份端給客人。這道無花果沙拉好看無比，而且也是各種新鮮水果吃起來風味最細緻的之一。

*

蜜瓜麝香葡萄

Melon and Muscat grapes

*

黃皮綠瓤的蜜瓜用來混成這道甜品是最合適的。把蜜瓜對切成4塊，去籽去皮，將瓜瓤切丁，放進大碗裡，擠上檸檬汁並加上糖拌勻。然後加1把剝皮去籽的麝香葡萄，如果買得到的話，可以加從希臘或賽普勒斯進口的無籽小顆白葡萄，這種葡萄是連皮整顆吃的，只要在吃之前從梗上摘下用水沖洗乾淨，加到水果沙拉裡就行了。

*

糖水煮榲桲

Quince compote

*

2磅（1公斤）熟透的榲桲削皮、切片、去核心。榲桲皮和核心留下來，加上½品脫（300毫升）水和6~8盎司（180~250公克）的糖，煮30分鐘左右，煮成糖漿。

糖漿過濾之後，把榲桲片加到糖漿裡去煮，要用很慢的火，煮到榲桲很軟，用串扦一戳就穿透。

煮好的糖水榲桲可以熱食，也可以冷食的，吃時加一點稀薄液體奶油，要不就加沒有鹽分的奶油乳酪或優格。

按照糖水煮榲桲做法切成的榲桲片用來跟奶油炸出的甜點蘋果片一起吃也很美味，或者用來做蘋果塔或蘋果派的餡也好吃。

*

蜂蜜胡桃奶油

Honey and walnut cream

*

這是道普羅旺斯蜂蜜甜點做法。

3盎司（90公克）胡桃仁壓碎或切碎，加2大匙帶花香的濃稠蜂蜜（例如我們英國的歐石南花蜜或者苜蓿花蜜）以及2大匙濃厚奶油混合。

用兩片很薄的黑麵包片夾這胡桃蜂蜜，可以做為茶點的小三明治，非常精緻可口，或者在吃檸檬冰淇淋、杏子冰淇淋時不用威化餅或餅乾來配，而改用這種小三明治來配冰淇淋。

上述分量可以做成約1打小三明治。不過混好的胡桃蜂蜜若是儲存在蓋好的闊口瓶裡倒可以保存很長時間，所以一次做比較多的分量也無妨。

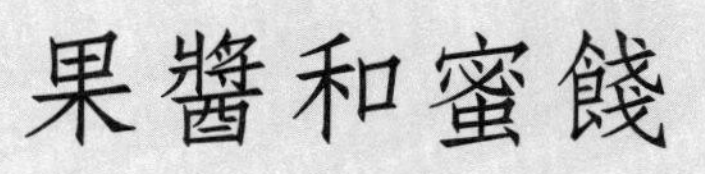

果醬和蜜餞

科孚島：醃製食品法

「此刻既然robola❶已經平安上路，伯爵就把注意力轉移到廚房去，廚房裡有閃亮的黃銅廚具和地牢般大的烤爐。他就在這裡跟卡洛琳和札里安太太忙著做酵汁糕（mustalevria）——這是種愛奧尼亞甜食，或稱甜凍，要用新發酵的葡萄汁加粗麵粉和香料，熬到水分消失剩下一半分量爲止。煮出來的麵糊倒進盤裡待涼，並嵌入杏仁；可以在做好之後就吃新鮮的，也可以切片儲存在大碗櫃裡。

「札里安最愛的無花果糕（sykopita）則要再等些時節才有，要等到秋天無花果熟透裂開。至於眼前，則有各種食品有待醃製——醃橙花還有做糖漿醃歐洲酸櫻桃。在這期間，伯爵爲餐桌供應了用很多香料炮製的榲桲乳酪，又黑又黏，可是非常好吃。」

——摘自勞倫斯·杜雷爾所著《普羅斯佩洛的斗室》

*

糖醋梨

Poires à l'aigre-doux

*

先做糖醋汁，用1¾品脫（1公升）白酒醋、2磅（1公斤）糖，

---

❶原注：科孚島所釀造的「黑」酒。

加半個檸檬的皮，少許肉桂，煮成糖醋汁。煮好之後，放6~8個削皮的小梨到糖醋汁裡煮，然後連汁帶梨倒入盆內，蓋好之後放置1星期。1星期過後將之過濾，把梨放到瓶裡，糖醋汁重新加熱，燒滾之後淋到瓶內的梨上，等涼透了再蓋上瓶蓋。

*

糖醋西洋梅

Plums à l'aigre-doux

*

要選熟透而完好的西洋梅，抹乾淨後用針在梅子上戳遍。照前述糖醋梨作法煮糖醋汁，但不要放檸檬皮，改放丁香和肉豆蔻，然後把西洋梅放到燒滾的糖醋汁裡煮。煮到西洋梅有點破皮時，就一個個取出來，用漏篩瀝乾汁，瀝出來的汁再到回糖醋汁裡，燒滾之後淋到放在缽內的梅子上。

*

糖醋蜜瓜

Melon à l'aigre-doux

*

這道糖醋蜜瓜用來佐冷盤雞或火腿很好吃。

3磅（1.5公斤）重的蜜瓜削皮去籽，切成堅果般大小的蜜瓜塊，放在加鹽滾水中燙2分鐘左右，取出瀝乾水分，倒入冷水，再讓它瀝乾。之後放到8盎司（250公克）燒滾的醋裡煮2分鐘，然後倒入盆裡，放在陰涼處48小時。48小時之後，將之過濾，濾出的醋加上1磅（500公克）糖和幾顆丁香一起煮，燒滾15分鐘之後，把蜜瓜塊放下去，再繼續燒滾3分鐘，就倒入盆裡，等到第二天才連汁帶瓜放進缽內並蓋好儲存起來。

*

西班牙榲桲糊

Spanish quince paste

*

榲桲洗淨但不要削皮。將之對切成4塊，挖去核籽，然後蒸到相當軟，再用漏篩榨濾或用攪拌機打成糊狀。秤出榲桲糊的重量之後，加入同等重量的糖，用厚重型的鍋子來煮，並不時攪拌，煮到榲桲糊開始糖化凝結而且不再黏著鍋內周邊為止。

將煮好的榲桲倒入¾吋（將近2公分）深的方形或圓形模具裡，留待冷卻。榲桲糊應該要放在太陽下曬幾天讓它曬乾的，但也可以利用其他方式來乾燥，例如烤好大塊肉之後，烤箱熄火但猶溫熱時，可以把榲桲糊放進去利用餘溫烘乾；或電器廚灶的抽取烤盤上以及阿迦（Aga）牌通用廚灶涼了的烤箱裡都可以。乾燥程序並不需要一氣呵成，可以趁便而一次只做1~2小時的烘乾功夫。

榲桲糊可以儲放在罐子裡或用防油紙包起來。

吃法是切成方塊當作配咖啡的甜品。

*

鑲糖衣棗子

Stuffed dates glacé

*

10盎司（300公克）棗子去核，用以下餡料鑲入棗子裡。餡料作法：3盎司（90公克）磨碎杏仁，混以少許用糖和水煮成的熱糖漿，然後加入糖霜，分量要加到拌出來成為結實的杏仁糊為止。用這杏仁糖糊鑲棗子，然後浸在糖漿裡。糖漿作法如下：

做糖漿的材料：7盎司（210公克）糖配½玻璃杯（90毫升）水的比例分量，並加幾滴檸檬汁。煮糖漿時不要去攪動，用匙羹在冷水裡浸一下然後放到糖漿裡，再將匙羹浸回冷水裡；如果見到匙羹重浸冷水之後結滿了一層玻璃狀的糖，就表示糖漿已經煮好了。用長針狀物一個個挑出棗子在糖漿裡浸一下，然後用浸過水的刀子將浸過糖漿的棗子鏟起放到抹了橄欖油的盤裡。等到糖漿乾了之後，就將糖衣棗子放到小紙盒裡收藏起來。

也可以用同樣方法來做西洋梅。

*

桃子果醬

Peach jam

*

8磅（4公斤）桃子，8磅（4公斤）糖，2玻璃杯（360毫升）水。

桃子剝皮，掐成兩半，取出桃核，將桃肉放進煮果醬用的大鍋裡，加糖和水。用大火煮，煮到桃子開始呈現透明狀時就表示果醬煮好了。

*

醃什錦水果

Preserved mixed fruit

*

先做糖醋汁，在上好的白醋裡倒入糖，糖的分量為醋的2倍，煮好之後先放置幾天，然後放入水果❷，要熟透而且抹乾水分。醃6~7個月後就可以吃了。最好儲存在陶罐裡，放在陰涼處，不要太冷或太熱的地方。

---

❷原注：西洋梅、桃子、梨子、無花果、櫻桃、蜜瓜、杏子等等，可以用來佐火腿、冷盤火雞或雞肉。

*

勃艮地葡萄汁漬梨

Raisiné de Bourgogne with pears

*

將4~5磅（2~2.5公斤）熟葡萄用漏篩榨濾過，然後將榨出的葡萄汁熬到水分蒸發，分量減少½，熬葡萄汁的時候要小心不要黏鍋燒焦了。熟透的梨子削皮之後對切成4塊，放到熬好的葡萄汁裡，再用慢火煮到水分蒸發掉3，這時梨子就煮好了。

*

糖漬榲桲

Quince presverve

*

榲桲（大個頭的）削皮對切成4塊；仔細挖去核心以及硬塊部分，然後秤秤重量有多少並記下來。把它們排好在煮鍋裡，注入冷水淹過它們，並加1把鹽（約1½~2盎司，〔45~60公克〕），用大火煮到榲桲變軟（約10分鐘），然後趕快瀝乾水分。把削下來的榲桲皮以及挖出的核心等加上水，分量要淹過它們，煮透之後過濾，把煮出來的水倒入盆裡，加上與汁同等分量的糖，混勻之後淋到煮好排在煮果醬鍋裡的榲桲上，再加些糖到鍋裡，糖的分量要跟秤出來削好切塊的榲桲重量相等。用慢火煮到榲桲呈現相當透明狀，而煮出的汁冷了之後也會形成很黏稠的糖漿。

*

醃新鮮番茄法

To preserve fresh tomatoes

*

要挑熟透番茄，中等大小，一定要很完整的，沒有一點破損碰爛。要是番茄蒂留下小口，就滴一點蠟封住。用乾淨的布抹乾番茄。

小心地將番茄放到闊口瓶中，然後在瓶內加滿無味道的果仁油（nut oil），讓番茄浸在一層1吋（2.5公分）左右的油之下的油裡，然後再在油面上倒蒸餾烈酒（eau-de-vie，防止油變質），大約倒2吋（1公分）層高，然後嚴密封住瓶口。

這油以後還可以再用，因為油浸過番茄之後也還是完全沒有味道。

*

糖漬鑲胡桃

Stuffed walnuts in syrup

*

這是賽普勒斯傳統食譜之一，承蒙基里尼亞（Kyrenia）的Sigmund Pollitzer先生取得這道食譜提供給我。

50顆新鮮未熟的青胡桃，50顆杏仁，帶皮烘烤過，50粒丁香，6平底玻璃杯（1080毫升）的水；4½磅（2.25公斤）糖。

胡桃去皮，剝皮時盡量小心，然後放在大碗水裡浸1星期，每天要換水。然後在每顆胡桃上用刀劃個口，塞1粒杏仁和1粒丁香（丁香視個人口味而定，可加可不加)。

用糖和水煮糖漿，煮好讓它冷卻，然後把鑲好的胡桃放到糖漿裡，重新燒滾之後改用慢火繼續滾20分鐘左右。由得胡桃浸在糖漿中一起涼透，第二天再熱一次，用慢火滾20分鐘。

等到完全涼透之後，就連糖漿和胡桃改放到裝醃漬蔬果的闊口瓶裡保存起來，這糖漬鑲胡桃非常美味。

醬汁

好廚子

「所有烹飪活兒都應該懷著敬業心情去做，你不認爲嗎？光是說廚子必須具有烹調技巧和功夫，這不就等於說做軍人得要穿上軍服才算軍人？你可以有個穿軍服的差勁軍人。眞正的廚子不是光有這些表面，而是老於經驗很世故，是藝術家和哲學家兩者的完美糅合，而且是唯一完美的糅合。他知道自己的價值：因爲他掌握了人類的幸福，未來世世代代的福祉……要是她有點酒癮，哪，這也是有利的，顯示她對自己雙重性的另一面培養得很好，證明她具有藝術家首要必備條件：感性強而且有熱中從事的能力。的確，我常懷疑你們究竟會不會有沒有辦法從一個眞正鄙視或恐懼（其實兩者是同一件事）最精選天物者的工作場所裡取得備受喜愛的飲食。」

——摘自諾曼·道格拉斯所著《南風》

嚴格來說，這一章前四道醬汁跟地中海料理不太有關，而是法國烹飪裡的經典醬汁，因此很有必要知道這些醬汁的做法。只要掌握了煮這幾道醬汁的竅門，又懂得打蛋黃醬的祕訣，差不多就已經能夠毫無困難做出任何醬汁來了，而且也能自行變化以適所需。

*

西班牙醬汁

Sauce espanole

*

西班牙醬汁屬於棕色醬汁類，可說是一種基本醬汁，由此可以變出很多種其他醬汁做法，因此以前做這種醬汁時通常分量相當多，而且可以留好幾天來用。由於這樣做已經不再實際，因此以下我列出的是做1品脫（600毫升）分量的材料。

2盎司（60公克）培根或火腿，1½盎司（45公克）麵粉，1½盎司（45公克）牛油，1盎司（30公克）胡蘿蔔，½吉耳❶（70毫升）白酒，½盎司（15公克）洋蔥，1¼品脫（750毫升）上好牛骨或豬骨高湯，百里香，月桂葉，鹽和胡椒，½磅（250公克）番茄。

培根或火腿切丁，用一點牛油煎軟；加入胡蘿蔔丁，以及洋蔥和香草與調味品等；等到呈現金黃色時，就倒入白酒，煮到收乾一半水分為止。

把其餘牛油放到另一個鍋裡，牛油燒融之後就放進麵粉；用慢火將麵粉炒成棕色，不時翻炒以免燒焦。炒到柔滑成棕色時，就加入½的高湯，燒滾後，把另一鍋裡煮好的混合料倒入這一鍋裡成為一

---

❶吉耳：gill，英美慣用度量衡系統中的容積單位，幾乎僅用於測量液體，其值雖隨時代與地理而變，但目前已定義爲半杯或4液量盎司（約120~130毫升）。本書前頁對照表則定義爲5盎司。

體，用很小的火煮1½小時。用細篩過濾煮好的醬汁；再將醬汁倒回煮鍋裡，加入切碎的番茄以及其他高湯，再用慢火煮30分鐘，煮完再過濾；此時醬汁黏稠度應該恰到好處了，不過要是仍嫌稀薄的話，就再繼續煮到水分減少到合適程度為止。

*

貝夏梅白醬汁

Sauce Béchamel

*

在厚重鍋裡放1½盎司（45公克）牛油；牛油融化時加2大匙麵粉炒勻；炒1~2分鐘，但不要炒成棕色。徐徐注入½~¾品脫（300~450毫升）熱牛奶，攪煮到醬汁變濃稠時，加鹽、胡椒，還有丁點肉豆蔻調味。宜用非常小的火煮15~20分鐘，以便麵粉煮透；英國廚子經常跳過這道手續，結果沒煮透、充分融入醬汁的麵粉就產生了難吃的味道。有時醬汁會出現結塊狀，不妨把火開大讓醬汁燒滾1~2分鐘，往往可以消除掉結塊現象，但若仍有結塊的話，就用細篩把醬汁濾過，放到另外一個乾淨鍋裡再煮。

*

貝昂醬汁

Sauce Béarnaise

*

即使是老經驗的廚子，一聽到貝昂醬汁也會倉皇失色。其實真的要做也沒有那麼難得嚇人，不過做時倒是需要廚子全神貫注看著，不能有一點閃失。

做任何要加蛋的醬汁最好就是用雙層套鍋隔水燉著來做，要是沒有套鍋的話，也可以在小煮鍋裡放半鍋水，然後在鍋裡放個耐熱玻璃碗或瓷碗，在碗裡煮醬汁；煮好之後可以就連這碗一起端上桌。

醬汁做法如下：

在小煮鍋裡放2顆切碎的紅蔥頭，少許歐芹、龍艾、百里香，1片月桂葉，以及鮮磨黑胡椒。加½平底玻璃杯（90毫升）的白酒到鍋裡，或者改加同樣分量的白酒與龍艾各半。用大火很快煮到收乾成為1大匙的分量，這初步煮出的濃縮汁就是做貝昂醬汁所不可或缺的獨有味道。過濾煮出的醋汁到耐熱玻璃碗裡，加1中匙的冷水，把碗放到裝了熱水的鍋裡，並改用溫火進行煮醬汁的步驟，一點一點地加進4盎司（125公克）牛油和4個打好的蛋黃汁，要很有耐心地攪拌，煮到醬汁變稠，宛若蛋黃醬般產生光澤。要是火太燙了，套鍋裡的水燒滾了，又或者你疏忽了一下去攪動正在煮的醬汁，醬汁就會凝固；等到醬汁煮稠了，就馬上從火上移開，但仍繼續攪動它：醬汁微溫時吃最好，用來佐火烤的腓力牛排最好吃，但也可以用來佐很多其他料理。吃之前再加一點龍艾末到醬汁裡。

要是一個錯手，醬汁煮凝固了，有時加幾滴冷水然後用力攪煮一番還是可以恢復原狀；但若是連這一步都無效的話，就用細篩過濾醬汁，重新加另1個打好的蛋黃汁進行攪煮過程。

若是加等同醬汁¼分量的番茄糊，做出來的醬汁就是首宏（Choron）醬汁❷；在煮成的貝昂醬汁加2大匙澆在熟肉上的濃肉汁，做出來就是福瓦佑醬汁。無論是哪一種變化醬汁，都是要等醬汁已經煮稠了之後最後才加料做成另一種醬汁。

雖然不是正統做法，但是用紅酒做出來的這道醬汁就跟用白酒做得一樣好吃，卻很少有人了解這一點。

*

荷蘭醬汁

Sauce Hollandaise

*

對貝昂醬汁的看法也適用於這道醬汁（見前述食譜）。

2大匙白酒或白葡萄酒醋，4大匙水，加少許鹽和胡椒調味，煮至

---

❷首宏：法國坎城名廚Alexander Etienne Choron，十九世紀末在巴黎「街坊鄰居」餐廳任職，其醬汁即貝昂醬汁或荷蘭醬汁加上番茄糊煮成。

水分收乾為原有的⅔分量，然後倒入套鍋內，徐徐加入5個打好的蛋黃汁以及½磅（250公克）牛油；攪煮到醬汁變稠時，就加入1~2匙的水，可以保持醬汁清淡。再多少加一點鹽，並加幾滴檸檬汁；可以用細篩過濾，但不是絕對必要。荷蘭醬汁通常用來佐蘆筍，或者佐水煮荷包蛋，鮭魚以及其他等等。

如要做成奶油荷蘭醬汁（mousseline），就在荷蘭醬汁裡加4大匙奶油即可。

*

番茄醬汁

Sauce tomate

*

2磅（1公斤）熟透的好番茄切碎；放到厚重鍋裡，加鹽、胡椒，3~4塊方糖，1瓣大蒜，1個切碎的洋蔥，2盎司（60公克）絞碎生牛肉，½小匙甜羅勒。蓋上鍋，用很小的火燉番茄，直到番茄煮得只剩下番茄肉，番茄水分大多蒸發掉了（需時20~30分鐘），就把煮出的番茄肉榨濾過。要是仍然太多水分的話，就把醬汁倒回鍋裡，煮到水分收乾到黏稠度恰到好處為止。

*

佐義大利麵的波隆那肉醬

Sauce Bolognese for spaghetti

*

½小罐義大利番茄糊，2盎司（60公克）洋菇或洋菇梗，2盎司（60公克）絞碎生牛肉，2盎司（60公克）雞肝，1個洋蔥，1瓣大蒜，羅勒，鹽和胡椒，2塊方糖，少許橄欖油，牛油或肥油，高湯或清水，½玻璃杯（90毫升）葡萄酒。

在厚重小鍋裡放1大匙橄欖油，牛油或肥油，然後放切碎的洋蔥下去炒到呈金黃色時，放碎牛肉、切碎的洋菇以及雞肝，炒到牛肉略微出現煎過的樣子，大約3分鐘。

這時加1小玻璃杯（30~45毫升）葡萄酒，紅酒或白酒皆可，讓它燒滾到水分減少到一半為止，然後加入番茄糊、羅勒，加鹽調味，並加入足夠高湯或清水使醬汁成為羹狀，但卻要比你最後煮好時所需的稠度稀薄，因為在煮的過程中水分還會繼續蒸發掉。

用刀尖壓扁1瓣大蒜，加到醬汁裡，蓋上鍋，用很慢的火煮至少30分鐘，煮得愈久愈好，可以使得肉味更入醬汁裡。你也可以把這鍋醬汁放到慢火（240~310℉／115~155℃／煤氣爐¼~2檔）烤箱裡，隨你喜歡烤多久。要注意，淋醬汁到麵條上準備要吃時，醬汁一定要很熱才行。

*

番茄糊

Tomato paste

*

希臘燉牛肉（見136頁）以及通心粉所用的這種番茄糊有點鹹，帶有煙火味，甚具特色；雖不見得對每個人的胃口，但是跟希臘松香葡萄酒（retsina）搭配卻是妙味無窮，初抵希臘時覺得這種酒很古怪，很難相信自己竟然會習慣喝這種酒。然而大多數人遲早都會習慣喝它，而且只要往村莊裡的賣酒飯館一坐，周圍堆著大酒桶，自然而然就覺得應該點松香葡萄酒來喝。

數磅番茄切成小塊，放到鍋裡，加足量鹽煮到水分蒸發只剩下果肉。然後用篩子榨濾過，再用慢火煮到水分更加減少。煮好之後放在碗裡拿出去曬到很乾為止。

曬乾的番茄糊用闊口瓶儲存起來，然後倒入橄欖油淹住它以隔絕空氣，確保不會變質。

*

佐義大利麵的牛肝蕈醬汁

Sauce of dried cèpe ❸ to serve with spaghetti

*

2~3盎司（60~90公克）乾的牛肝蕈，加水淹過，放鹽和胡椒，用慢火滾30分鐘之後濾出牛肝蕈，把煮出的水留起來，用細紗布過濾一次。

過濾之後的水倒回鍋裡，放2~3盎司（60~90公克）牛油下去煮到融化。

把這醬汁和煮好的牛肝蕈加到煮好的麵條或直圓麵上拌麵吃。

*

加泰隆尼亞醬汁

Sauce Catalane

*

這道醬汁是要讓山鶉吃起來有火烤羊排的風味。

用1大匙豬油煎切碎的洋蔥以及少許火腿丁，然後撒麵粉，用木匙翻炒。接著加水以及白酒各1玻璃杯（180毫升），12瓣蒜頭以及1個切片的檸檬，用慢火滾30分鐘。在乳缽裡搗碎6盎司（180公克）杏仁，要吃醬汁之前的5分鐘才加到醬汁裡拌勻。

*

希臘檸檬雞蛋醬汁

Avgolémono sauce

*

這完全是希臘做法的百搭醬汁。

---

❸原注：見197頁有關乾牛肝蕈的附注。

1個檸檬的汁，加上2~3個蛋黃打成檸檬蛋汁，然後加些高湯，不管是煮魚或畜肉類或雞肉的湯汁都可以，小心攪煮到變稠為止。

Youvarlakia（炸小肉丸）佐以這種醬汁很讓人另眼相看，這是希臘廚子的長備醬汁，比起英國烹飪老是用瓶裝現貨醬汁以及墨守成規，真是天差地別。

*

鹿肉佐料汁

Sauce chevreuil

*

2玻璃杯（360毫升）紅酒（可以的話最好用勃艮地紅酒），1½玻璃杯（270毫升）高湯或肉精，2大匙醋，2大匙（平匙）糖，4~5大匙紅醋栗果凍，2大匙麵粉，2大匙牛油或豬油，2個檸檬，1小撮胡椒。

在煮鍋裡倒入1½玻璃杯紅酒，醋，糖和檸檬，檸檬要削皮切丁。將果凍與這些佐料混合，煮到水分蒸發掉½為止。與此同時用牛油炒麵粉加高湯和剩下的½玻璃杯紅酒煮20分鐘，做成棕色的麵油糊。然後把麵油糊跟上述煮好的醬汁混合好，用細篩過濾之後重新煮過即成。

*

香辣醬汁

Sauce piquante

*

1個洋蔥切絲，用橄欖油或牛油、肥油其中一種油炒成金黃色，然後加1酒杯（150~200毫升）的醋和2茶杯（400毫升）的高湯，這醬汁要用來佐什麼肉類，就用煮那肉類的湯汁即可。加香草，1瓣大蒜，鹽和胡椒，用慢火煮到這汁的黏稠度恰到好處為止。

要吃之前的幾分鐘，加酸豆和酸黃瓜末各1匙到醬汁裡拌勻。

*

蛋黃醬

Mayonnaise

*

做4人份的蛋黃醬用2個蛋黃就夠了，橄欖油則需½品脫（300毫升）。我發現打蛋黃醬的最佳容器是雖小但沉重的大理石乳缽，因為不會在桌面上滑動，還有木匙，裝橄欖油則最好用有嘴的小盅，可以慢慢讓油倒出來。

很小心將蛋黃打入乳缽裡；加少許鹽、胡椒，以及1小匙芥末粉。在開始滴入橄欖油之前先將蛋黃和這些調味品攪勻；開始時先一滴滴加橄欖油，攪勻了再繼續加一滴，等到蛋黃醬開始變稠時，每次加的橄欖油分量才略微多一點。要穩穩地不停攪動，卻不必狠命地攪，不時加很少一點點的龍艾醋，最後快打完醬時再擠一點檸檬汁到醬裡。要是蛋黃醬打壞了，就在另一個乾淨的盆裡打1個蛋黃重新開始程序，而把原先打壞的橄欖油和蛋黃汁一滴滴慢慢加進去打；最後會很神奇地重現應有的蛋黃醬。

*

韃靼醬

sauce tartare

*

韃靼醬其實就是加料蛋黃醬，蛋黃醬加上切成細末的龍艾、酸豆、歐芹、細香蔥，以及很少的酸黃瓜末和紅蔥頭末。

*

香醋醬汁

Sauce vinaigrette

*

香醋醬汁的基本佐料是橄欖油和上等白葡萄酒醋；分量比例是2份橄欖油，1份醋，然後加一點切成細末的洋蔥、歐芹、龍艾、酸豆、細香蔥、茴芹以及檸檬皮，全部拌在一起，加鹽和胡椒調味。

*

土耳其沙拉醬汁

Turkish salad dressing

*

3盎司（90公克）胡桃仁，兩大杯清雞湯或肉湯，或者牛奶，4大匙乾麵包粉，鹽，紅辣椒，檸檬汁，歐芹或薄荷，1瓣大蒜。

將胡桃仁和大蒜搗成糊狀；加入麵包粉攪勻，然後加清湯或牛奶，並加鹽、檸檬汁、紅辣椒調味。調出來的醬汁黏稠度應該和奶油差不多，用來拌菜豆和鷹嘴豆沙拉尤其好吃，上述分量足夠拌½磅（250公克）的菜豆或鷹嘴豆，要吃之前再撒一點新鮮香草在沙拉上。

*

蒜泥醬

Aïllade

*

這是把大蒜、羅勒、火烤過的番茄全部放在乳缽裡一起搗爛，搗爛過程中並一滴一滴加進橄欖油，直到成為很稠的醬狀為止。

*

用來佐魚的穆罕默德醬

Mohammed's sauce for fish

*

蛋黃醬，2個煮得很老的雞蛋，3條鯷魚（去骨並剁碎，要不然就用4條鯷魚肉），2小匙酸豆，2大匙（平匙）芹菜末，2大匙去皮切碎的新鮮黃瓜，少許刨碎的洋蔥或紅蔥頭。

把所有佐料加到1杯很稠的蛋黃醬裡攪勻，然後按口味酌量加刨碎的生洋蔥或紅蔥頭。

*

蒜泥蛋黃醬

Aïoli

*

蒜泥蛋黃醬其實就是加蒜泥做成的蛋黃醬，有時也加麵包粉。

這種醬通常用以佐醃鱈魚或白煮牛肉，配以帶皮水煮胡蘿蔔、馬鈴薯，還有朝鮮薊、法國四季豆、煮得很老的雞蛋，有時也用來佐加洋蔥、茴香的水煮蝸牛，或白煮小章魚，甜椒等；事實上，可以用來佐各種蔬菜，但總是水煮蔬菜。這醬是普羅旺斯所有料理中最馳名又最好吃者之一，往往被人稱為「普羅旺斯牛油」。

先著手搗爛2~3瓣大蒜，然後放蛋黃、調味品，再一滴滴加橄欖油，完全就照打蛋黃醬的手法去做，但不要加醋，而改加檸檬汁。

*

希臘蒜泥蛋黃醬

Skordaliá

*

2個蛋黃，2盎司（60公克）磨碎杏仁，2盎司（60公克）新鮮白麵包粉，5~6瓣大蒜，¼品脫（150毫升）橄欖油，檸檬汁，歐芹。

先在乳缽裡搗爛大蒜，然後加蛋黃，按照打蛋黃醬手法一滴滴加進橄欖油，打到蛋黃醬稠度恰到好處時，就加進磨碎的杏仁以及麵包粉，並加足量檸檬汁、切碎的歐芹。這種醬很容易打壞，萬一打壞了，就照打蛋黃醬（見299頁）教的方法，用另一個蛋黃重新開始打起。

這種醬做法也有不加蛋黃的，更加原始風味也比較容易做。

*

海膽醬

Sauce à la crème d'oursins

*

在普羅旺斯，海膽既作為餐前小菜，也用來做成非常美味的醬。挖出2~3打海膽卵，然後用細紗布濾過，應該可以濾出2盎司（60公克）左右的卵糊，加到奶油荷蘭醬汁或蛋黃醬裡調勻即成海膽醬，用來佐白煮魚或冷龍蝦。

*

酸豆醬

Tapénade

*

這是普羅旺斯風味的醬汁，名稱源自於「tapéna」這個字，是普羅旺斯語「酸豆」的意思。這是很簡單的醬汁，但用來佐煮得很老的雞蛋，冷盤魚，或者拌冷的白煮牛肉做成的沙拉。

用乳缽搗爛2大匙酸豆和5~6條鯷魚肉；按照打蛋黃醬的手法一滴滴加進橄欖油攪拌，直到打出來的醬約有1杯分量為止，然後加1個檸檬的汁以及少許黑胡椒，但不要放鹽，因為鯷魚所含鹽分可能已經夠鹹了。

*

紅棕醬

Sauce rouille

（佐魚的普羅旺斯醬）

*

1瓣大蒜，1個紅甜椒，麵包粉，橄欖油。

紅甜椒整個用火烤到外皮焦黑，去掉籽，搓掉烤焦的外皮，用冷水沖洗，然後加大蒜搗爛。將1把麵包粉用水浸過然後用手擠乾水分，加到搗爛的紅甜椒裡，用很慢的速度逐漸加入4大匙分量的橄欖油，邊加邊攪動。可以加幾匙煮魚（要用這醬去配的魚）的湯水稀釋醬汁。

*

佐魚的敘利亞醬汁

Syrian sauce for fish

*

1小滿匙新鮮白麵包粉，2盎司（60公克）松子或胡桃仁，1個檸檬的汁，鹽。

麵包粉浸水之後擠乾水分。松子或胡桃仁搗成糊，混入麵包粉，加鹽和檸檬汁攪勻，用粗眼漏篩過濾。吃時淋在烤熟涼透的魚上。如果太過濃稠，可以加幾滴冷水或是煮過魚的湯水稀釋。

*

雙鮮沙拉醬

Cappon magro sauce ❹

*

1大把歐芹，1瓣大蒜，1大匙酸豆，2條鯷魚肉，2個煮得很老的蛋黃，6顆綠橄欖，茴香（可以用1把茴香葉，或1片肥厚的茴香

❹譯按：Cappon magro乃義大利立古里亞馳名的沙拉名稱，以海陸所產食材做成，主要是海鮮和蔬菜。

根莖)，1把麵包粉，1大茶杯（200毫升）的橄欖油，少許醋。

歐芹摘掉老梗，洗淨葉片，放到乳缽裡加少許鹽和大蒜瓣，搗到開始成為泥狀（這工作並沒有想像中吃力）時，就加入酸豆、鯷魚肉、去核橄欖、茴香，並繼續搗，再加入麵包粉，麵包粉要先用一點牛奶或水浸軟並擠乾。搗到此時，應該已經搗出了很濃厚的醬，這時就把煮得很老的蛋黃加進去一起搗，搗勻之後就開始加橄欖油了，要徐徐加入，如同打蛋黃醬的手法，並用木匙用力攪拌，等到醬的黏稠度像很濃的奶油時，就加2大匙醋拌勻。

這種醬汁是用來拌熱那亞馳名的海鮮沙拉——雙鮮沙拉的，這是用20種左右的材料做成，而且排列得非常富麗奪目。這醬汁用來佐肉質較粗的白魚類都很好吃，也可以配冷盤肉或煮得很老的雞蛋。

*

甜椒番茄醬

Pebronata

*

這是科西嘉島的醬汁，通常用來配燜或燉牛肉、小羊腿一起吃，。我也在科西嘉島吃過這種醬配煎過的鄉村火腿片。

材料是：

小個和大個洋蔥各1個，1大瓣或2小瓣蒜頭，1大匙切碎的歐芹，1枝乾的百里香，要不就用½小匙乾的或新鮮的百里香葉，1

磅（500公克）熟透的番茄，4大匙橄欖油，6個很小的青椒或者2~3個較大的，1玻璃杯（4~6盎司／125~180毫升）粗紅酒，1小匙（滿過匙面）麵粉，鹽，5~6顆杜松子。

先把小個洋蔥和歐芹與大蒜一起切碎。在淺鍋裡燒熱2大匙橄欖油，放洋蔥大蒜末下去炒，並加百里香，用溫火煮5分鐘後加入番茄，番茄不用去皮，但切成碎塊，加鹽調味，再加壓扁的杜松子。用慢火滾15~20分鐘。

與此同時剝去大洋蔥的皮並切絲，用另一個鍋放其餘的橄欖油下去，油熱了之後放洋蔥。

用慢火把洋蔥炒到軟，等到洋蔥變軟呈現黃色時，就放青椒，青椒要洗淨並去籽去核梗，切成1吋左右（2.5公分）長度。青椒炒到有點軟時就放麵粉一起炒，然後加紅酒，紅酒要事先用另一個鍋子熱好。要仔細攪勻，煮到水分蒸發剩下原有分量的⅔為止。

把煮好的番茄醬汁用細網篩榨濾過，讓它流到大碗裡，再把這糊狀番茄加到煮紅酒甜椒的鍋裡，用慢火再煮5分鐘左右即可。青椒不宜煮到太軟。

番茄甜椒醬汁味道濃郁，顏色深，芬芳撲鼻，很令人感興趣，其特色跟其他地中海風味的醬汁截然不同。

加這醬汁做成的燉牛肉請參見139頁「科西嘉紅椒濃汁燉牛肉」的做法，有特別指明做牛肉時要用白酒。如果貪方便的話，不妨就用做醬汁的同一紅酒加到燉牛肉裡去。

食譜索引（依筆畫順序排列）

湯類

雞蛋和午餐菜式

魚類

畜肉類

飽實料理

家禽與野味

蔬菜

冷盤與沙拉

甜品

果醬和蜜餞

醬汁